电源侧升压站
常用继电保护调试方法

西安热工研究院有限公司 编著

U0280722

西北大学出版社
·西安·

图书在版编目(CIP)数据

电源侧升压站常用继电保护调试方法／西安热工研究院有限公司编著. —西安:西北大学出版社,2023.11

ISBN 978-7-5604-5277-7

Ⅰ.①电⋯ Ⅱ.①西⋯ Ⅲ.①继电保护装置—调试方法 Ⅳ.①TM774

中国国家版本馆 CIP 数据核字(2023)第 219416 号

电源侧升压站常用继电保护调试方法

作　　者	西安热工研究院有限公司
出版发行	西北大学出版社
地　　址	西安市太白北路 229 号　　邮　编　710069
网　　址	http://nwupress.nwu.edu.cn　**E - mail**　xdpress@nwu.edu.cn
电　　话	029-88303059
经　　销	全国新华书店
印　　装	陕西瑞升印务有限公司
开　　本	787 毫米×1092 毫米　1/16
印　　张	14.5
字　　数	244 千字
版　　次	2023 年 11 月第 1 版　2023 年 11 月第 1 次印刷
书　　号	ISBN 978-7-5604-5277-7
定　　价	98.00 元

如有印装质量问题,请拨打电话 029-88302966 予以调换。

前　言

本书针对电源侧升压站常用继电保护的调试方法进行了归纳与总结。全书包括了线路保护、远跳过电压保护、断路器辅助保护、短引线及 T 区保护、变压器保护、电抗器保护、母线保护等，涉及 5 个电压等级共 44 个型号的继电保护装置，基本涵盖了目前主流的电源侧升压站继电保护装置。

本书的编写以基本原理和工程应用为基本指导思想，在内容方面以阐述保护原理及相关调试技术为重点，既参考和吸收了现有相关书籍的精华，也融入了编者的见解和思考。为适应大多数继电保护调试人员及电厂二次检修人员的需要，本书侧重总结典型保护如差动保护校验过程中有关的启动电流、差动保护拐点、保护动作边界点的精确计算方法，使继电保护调试从业人员能够掌握常用保护的工作原理、现场调试方法等相关基础知识。

本书由西安热工研究院何信林担任主编，张文斌、高浪舟担任副主编。全书共分 9 章，第 1~3 章由张文斌、高浪舟、雷阳编写，第 4~5 章由倪继文、方子朝、李春丽编写，第 6 章由彭金宁、杨胜林编写，第 7~8 章由张灏、刘冲编写，第 9 章由吕小秀编写。全书由杨熠辉统稿，何信林主审。博士郭伟昌和研究生吴浩、范忠炀等承担了部分文字录入、计算机绘图等工作。本书的编写得到了西安热工研究院电站调试技术部"继电保护与智能源网协同电气动模仿真实验室"的支持资助。

由于编者水平有限，书中难免有疏漏及不足之处，恳请广大读者批评指正。

编　者

于西安热工研究院

目 录

1 线路保护

线路保护有着相似的模式,一般包括纵联保护、距离保护、零序保护3个大块。大多数线路保护装置含有重合闸的功能,但是在220 kV及以上系统一般都不使用重合闸,其功能由断路器辅助保护来专门实现。

纵联保护又分为光纤纵差保护和高频纵联保护。随着光纤技术的不断发展,高频纵联保护已经使用得越来越少了。下面我们主要介绍几套光纤纵差保护的调试细节,对高频纵联保护只讲其不同之处。

1.1 A公司CSC-103A数字式超高压线路保护装置

调试中应注意的事项:装置型号后缀若带字母"K",则表示该装置适用于3/2断路器接线方式;若不带字母"K",则适用于常规接线方式。如:CSC-103A-G-RLDYK适用于3/2断路器接线方式,其交流采样插件、模拟量定义以及跳闸出口配置均与常规型号的装置有区别。

1.1.1 光纤纵差保护

(1)环回试验

环回试验主要用来校验差动功能的动作门坎及时间特性,同时保护出口及信号等回路也可以在这种状态下进行校验。

通道环回的条件:

① 通道环回控制字投入;

② 投主机方式;

③ 置内时钟状态;

④ 投差动压板(包括软压板、硬压板)。

在通道环回试验中,由于通道采集到的对侧电流与本侧电流的相位、幅值都相同,此时的差动电流实际是 2 倍的本侧施加电流,因此在校验其动作门坎时,实际动作电流应该是定值的一半。

差动定值分为高值和低值,二者特性一样,区别是低值有 40 ms 的固定延时。

零序差动作为一个独立的功能模块,与差动保护的区别是零序差动保护动作有一个 150 ms 的固定延时。

分别设定差动动作电流高值 $I_{DZH} = 0.8$ A 、动作电流低值 $I_{DZL} = 0.6$ A 、零序差动动作电流值 $I_{DZ} = 0.5$ A,以 A 相示例,试验结果如表 1-1 所列[1]。

表 1-1 A 相差动保护环回试验结果

相别	项目	0.95 倍定值	1.05 倍定值	2 倍定值时的动作时间/ms	
				装置显示值	实际测量值
A 相	高值	不动作	动作	16.0	23.5
	低值	不动作	动作	54.0	60.9
	零序差动	不动作	动作	216.0	223.0

(2) 差动保护特性曲线校验

差动保护特性曲线的校验必须在有两套相同保护装置的情况下,将其互联,模拟正常运行状态才能进行。

试验条件:

① 通道环回控制字退出;

② 两套装置:一套投主机方式,一套投从机方式;

③ 置内时钟状态;

④ 投差动压板(包括软压板、硬压板);

⑤ 差动高值、差动低值、零序差动 3 种功能分别校验,校验哪一种时将哪一种的定值整定为测试值,其他两项抬高为 8 A。

差动保护的动作特性曲线如图 1-1 所示[1-2]。

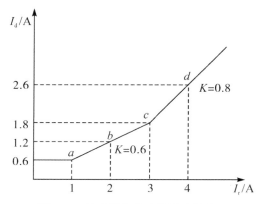

图 1-1 差动保护的动作特性曲线 1

用继电保护测试仪给两套保护装置分别加单相电流 I_{A1}、I_{A2}，相角相差 180°。根据差动保护动作方程(1-1)[2]：

$$\begin{cases} I_d = I_{A1} - I_{A2} \\ I_r = I_{A1} + I_{A2} \end{cases} \qquad (1-1)$$

式中，I_d 为故障电流值，A；I_r 为制动电流值，A。

可推导出单相电流 I_{A1}、I_{A2} 的幅值计算公式(1-2)：

$$\begin{cases} I_{A1} = 0.5(I_r + I_d) \\ I_{A2} = 0.5(I_r - I_d) \end{cases} \qquad (1-2)$$

加电流时宜使用继电保护测试仪的"手动试验"菜单，一路电流 I_{A1} 设定不变，另一路电流 I_{A2} 设定 0.01~0.02 A 的步长，逐渐变化，寻找差动保护动作点。

以差动保护低值为例，根据设定的动作电流值 $I_{DZ} = 0.6$ A，验证图 1-1 中 a、b、c、d 各测试点的动作电流。差动保护各测试点动作电流的计算值如表 1-2 所列。实际试验结果应与表 1-2 中差动保护各测试点动作电流的计算值相近。

表 1-2　差动保护各测试点动作电流的计算值 1

项目	动作电流的计算值/A			
	a 点	b 点	c 点	d 点
I_{A_1}	0.80∠0°	1.60∠0°	2.40∠0°	3.30∠0°
I_{A_2}	0.20∠180°	0.40∠180°	0.60∠180°	0.70∠180°
I_d	0.60	1.20	1.80	2.60
I_r	1.00	2.00	3.00	4.00

(3)零差保护

零差保护除了启动门坎随定值不同而不同以外,其动作特性是固定不变的。也就是说,固定的几组数据在不同的门坎定值下的试验结果是一样的。其动作特性曲线如图1-2所示[3]。

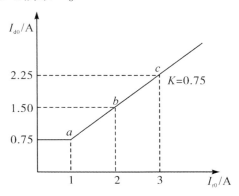

图1-2 零差保护的动作特性曲线1

用继电保护测试仪给两套保护装置(装置1为M侧、装置2为N侧)分别加单相电流 I_{01}、I_{02}(下角标"0"指零序),相角相差180°。根据差动保护电流计算公式(1-2)计算零差保护各测试点动作电流的计算值,结果如表1-3所列。

表1-3 零差保护各测试点动作电流的计算值1

项目	动作电流的计算值/A		
	a点	b点	c点
I_{01}	0.875∠0°	1.750∠0°	2.625∠0°
I_{02}	0.125∠180°	0.250∠180°	0.375∠180°
I_{d0}	0.750	1.500	2.250
I_{r0}	1.000	2.000	3.000

实际试验结果应与表1-3中零差保护各测试点动作电流的计算值相近。

注意,零差保护校验必须使用六路电流的继电保护测试仪。例如,测试点 b 两套保护装置的电流量按如下数据施加:

M侧:$\dot{I}_{A1} = (1.75 + 0.1) \text{A} \angle 0°$,$\dot{I}_{B1} = 0.1 \text{A} \angle -120°$,$\dot{I}_{C1} = 0.1 \text{A} \angle 120°$,相当于 $\dot{I}_{01} = 1.75 \text{A} \angle 0°$。

N 侧：$\dot{I}_{A2} = (0.75 + 0.1) A \angle 180°, \dot{I}_{B2} = 0.1 A \angle 60°, \dot{I}_{C2} = 0.1 A \angle 300°,$ 相当于 $\dot{I}_{02} = 0.25 A \angle 180°$。

(4) TA 断线闭锁差动

TA 断线闭锁差动有两个控制字，即 TA 断线闭锁三相或单相、TA 断线闭锁差动。下面分别对各种情况进行模拟[4]。此处有一个相关定值 I_{04}，设为 0.07 A。

①TA 断线闭锁三相(环回状态进行)。

投入"TA 断线闭锁差动""TA 断线闭锁三相"控制字。

第一步：加单相电流 $I_A = 0.1$ A(大于 I_{04})。

第二步：10 s 后装置报 TA 断线。

第三步：将 I_A 突变到 1.0 A，保护不动作，闭锁有效。

②TA 断线闭锁分相差动断线相(互环状态进行)。

投入"TA 断线闭锁差动""TA 断线闭锁断线相"控制字。

故障前两侧装置按如下数据施加三相对称穿越电流：

M 侧：$\dot{I}_{A1} = 0.1 A \angle 0°, \dot{I}_{B1} = 0.1 A \angle -120°, \dot{I}_{C1} = 0.1 A \angle 120°$。

N 侧：$\dot{I}_{A2} = 0.1 A \angle 180°, \dot{I}_{B2} = 0.1 A \angle 60°, \dot{I}_{C2} = 0.1 A \angle -60°$。

接下来分两次试验，相同的故障在 TA 不断线时保护应动作，TA 断线时应闭锁。

Ⅰ. TA 不断线：从前面的正常状态突降 I_{A2} 到零，然后立即突升 I_{A1} 到 0.9 A。

试验结果：M 侧三跳，N 侧 A 相跳。

Ⅱ. TA 断线：

第一步：从前面的正常状态突降 I_{A2} 到零，10 s 后 N 侧 TA 断线。

第二步：N 侧 TA 断线后，突升 I_{A1} 到 0.9 A。

试验结果：两侧都不动作。

③TA 断线闭锁零序差动(环回状态进行)。

投"TA 断线闭锁差动"控制字。

第一步：加单相电流 $I_A = 0.1$ A(大于 I_{04})。

第二步：10 s 后装置报 TA 断线。

第三步：将 I_A 突变到 0.28 A。

试验结果:保护不动作。

(5) TA 断线后分相差动

这项功能是一项辅助功能,相关的定值是 I_{DTA}(分相差动电流值),可以在环回状态进行。

投"TA 断线不闭锁差动"控制字。设 $I_{DTA} = 0.5$ A(小于差动低定值)。

第一步:加电流 $I_A = 0.1$ A(大于 I_{04}), $I_B = 0.0$ A。

第二步:10 s 后装置报 TA 断线。

第三步:将 I_B 突变到 0.28 A。

试验结果:保护三跳动作。

1.1.2 零序电流保护

(1) 方向零序保护

方向零序保护除了对电流定值的校验外,还要校验其动作区间。用一台保护校验仪的整组菜单进行方向元件的校验,是一个十分方便的途径。

在整组菜单中选择单相接地故障,故障阻抗角的值取反就是零序电流的角度,而零序电压的角度可以始终视为 180°。这种方法的原理参见《零序方向元件动作特性另类扫描》。

图 1-3 左图是说明书上方向元件的动作特性图,右图是对应反转的图形。

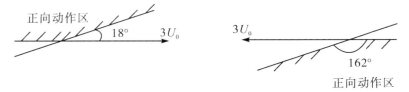

图 1-3　方向零序保护方向元件的动作特性图 1

如果 I_0 的角度落在阴影区域就应该动作。当然,故障一定要选择正向故障,然后调整故障阻抗角才有意义。同时,零序保护校验还需要注意将继电保护测试仪菜单中的零序补偿系数 K_s 与保护装置中对应的定值调整为一致,一般设定 $K_s = 0.667$。

(2) 零序反时限保护

反时限保护的动作方程见公式(1-3)。在保护功能校验时,采用继电保护测试仪的整组试验菜单,零序反时限保护动作带有方向性[4]。

$$T = \frac{K}{\left(\dfrac{I_d}{I_{set}}\right)^R - 1} + T_s \qquad (1-3)$$

式中,T 为动作时间,s;K 为反时限常数;T_s 为时间系数;I_d 为故障电流,A;I_{set} 为启动电流值,A;R 为反时限特性常数。

设 $I_{set} = 0.5$ A,$T_s = 0.5$ s,$R = 1$,$K = 1$。加故障电流 $I_d = 1.5$ A 时,动作时间 $T = 1021$ ms;加故障电流 $I_d = 1.0$ A 时,动作时间 $T = 1519$ ms。

(3) 零序加速保护

用整组菜单,选择永久性故障模拟Ⅱ、Ⅲ段范围内的故障,投相应控制字。

第一步:加接地故障 $Z = 9$ Ω$\angle 90°$,$I = 0.8$ A(大于Ⅱ段定值)。

第二步:1007 ms 保护动作,自动切除故障。

第三步:立即短接 R 接点再次加上故障,保护再次动作。

保护面板显示:

3 ms 启动;

1003 ms 零序Ⅱ段出口;

2419 ms 零序Ⅱ段加速出口。

这一项目也可以用零序菜单或状态序列菜单进行,以便重合令能更好地配合。

在零序菜单中选择两次故障,故障量均满足零序Ⅱ或Ⅲ段定值。故障延时1.1 s,故障前时间 0.7 s。控制方式为自动,试验结果同上。

1.1.3　距离保护

距离保护的特性及定值校验用整组菜单很方便就能实现。调整阻抗大小及角度扫描动作特性方程,大致如图 1-4 所示便可,这是 A 公司距离保护的通用方程图。

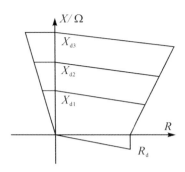

图1-4 距离保护的动作特性方程图1

作为距离保护调试,需要注意的一点是,在作近距离故障时,一定要将故障电流加大,否则误差会变大。

下面再对距离保护相关的几个子项目进行介绍。这些项目往往在试验时比较烦琐。整定相关定值如下:$X_{d1} = 6\ \Omega$,$X_{d2} = 8\ \Omega$,$X_{d3} = 10\ \Omega$。

(1)电抗相近保护

用整组菜单,选择永久性故障模拟Ⅱ段范围内的故障,引保护装置动作接点到继电保护测试仪,用以切除故障,将继电保护测试仪的 R 接点引出来,用以二次加故障。

第一步:加相间故障 $Z = 7\ \Omega \angle 90°$,$I = 0.5\ A$。

第二步:1007 ms 保护动作,自动切除故障。

第三步:立即短接 R 接点再次加上故障,保护再次动作。

保护面板显示:

4 ms,启动;

1002 ms,距离Ⅱ段出口;

1265 ms,电抗相近Ⅱ段加速出口。

(2)瞬时加速Ⅱ、Ⅲ段保护

用整组菜单,选择永久性故障模拟Ⅱ、Ⅲ段范围内的故障,方法同(1),但要投相应控制字。

第一步:加相间故障 $Z = 9\ \Omega \angle 90°$,$I = 0.5\ A$。

第二步:2008 ms 保护动作,自动切除故障。

第三步:立即短接 R 接点再次加上故障,保护再次动作。

保护面板显示：

3 ms,启动；

2003 ms,距离Ⅲ段出口；

2419 ms,Ⅲ段加速出口。

(3)1.5 s 躲振荡加速Ⅲ段保护

用整组菜单,选择永久性故障模拟Ⅲ段范围内的故障,方法同(1),但要退瞬时加速控制字。

第一步:加相间故障 $Z = 9\ \Omega \angle 90°$,$I = 0.5$ A。

第二步:2008 ms 保护动作,自动切除故障。

第三步:立即短接 R 接点再次加上故障,保护再次动作。

保护面板显示：

5 ms,启动；

2002 ms,距离Ⅲ段出口；

4734 ms,Ⅲ段加速出口。

注意,从报文内容上看,1.5 s 躲振荡加速Ⅲ段和瞬时加速Ⅲ段一样,但两次Ⅲ段加速出口的时间不同。

(4)TV 断线后过流保护

TV 断线后过流又分为 TV 断线后相过流和 TV 断线后零序过流,由于保护对两种情况的报文是一样的,因此在模拟时应区分对待。

条件:投 TV 自检,装置报 TV 断线；投 TV 断线后过流；相过流要投距离硬压板,零序过流要投零序保护硬压板。用整组菜单,不加电压,调整故障电流大于电流低值 I_L 或零序电流低值 I_{0L},用相间故障模拟 TV 断线后相过流,用接地故障模拟 TV 断线后零序过流。

1.1.4 其他

①当断路器处于分闸位置时,保护自动将故障判断为手合或重合,加速出口。

②快速距离Ⅰ段一般应加 10 A 以上电流才会出现,但报文中并无确切显示,区别于其他距离保护的只是没有测距报文,只有故障相别。

1.2　A 公司 CSC-101A 光纤纵联距离线路保护装置

对于这一套装置,有几个细节需要解释一下。这些细节也可能会在 CSC 系列的其他型号中遇到。

1.2.1　静稳失稳启动保护

静稳失稳是一个启动量。模拟条件如下:

静稳失稳电流定值设为 0.8 A,电流突变量定值设为 2 A,阻抗Ⅲ段定值为 21 Ω,投纵联距离保护压板。

用状态序列菜单。

状态 1:空载,加正常电压;状态延时 10 s。

状态 2:三相短路,短路电流为 1 A,短路阻抗为 23 Ω;状态延时 0.3 s。

加量后装置报文为:44 ms 静稳失稳启动;44 ms 保护启动。

1.2.2　不灵敏 I 段保护

投入零序 I 段保护压板。

状态 1:空载。

状态 2:A 相正向故障,故障电流 1.05 倍 I 段零序电流定值(2 A),状态延时 0.1 s。

状态 3:B 相正向故障,故障电流 1.05 倍的不灵敏 I 段电流定值(3 A),状态延时 0.2 s。

1.2.3　不灵敏Ⅱ段保护

投入零序其他段保护压板。

状态 1:空载。

状态 2:A 相正向故障,故障电流 1.05 倍Ⅱ段零序电流定值,持续时间为 T_{02}+100 ms;

状态 3:B 相正向故障,故障电流 1.05 倍的不灵敏Ⅳ段电流定值,持续时间为 T_{04}-300 ms。

1.2.4　零序保护手合出口

开关在分位持续 10 s 以上,投入零序 Ⅱ 段保护,模拟 Ⅱ 段零序保护。

1.3　B 公司 PSL603 系列数字式线路保护

PSL603 线路保护装置可用作 220 kV 及以上电压等级输电线路的主、后备保护。PSL603 线路保护以纵联电流差动(分相电流差动和零序电流差动)为全线速动保护。装置还设有快速距离保护、Ⅲ段相间、接地距离保护、零序方向过流保护。

1.3.1　光纤纵差保护

(1)环回试验

环回试验的意义和方法同 CSC-103A 保护,只是在时间要求上不同。1.2 倍接地故障时,动作时间小于 30 ms;1.2 倍相间故障时,动作时间小于 25 ms。

具体方法参考 CSC-103A 装置。

(2)差动特性曲线校验

差动特性曲线的校验必须在有两套相同装置的情况下开展,将其互联,模拟正常运行状态才能进行。试验条件:两套装置编号互异,并正确指示对侧编号。差动保护的动作特性曲线如图 1-5[2] 所示,其中 I_{CD} 只对第一个拐点起作用,曲线的斜率是固定的,第二个拐点是由参数 I_{nt} 决定的。I_{CD}、I_{nt} 分别为第一、第二拐点的差动电流值。

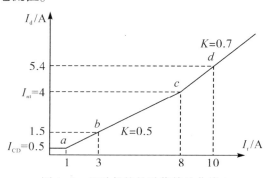

图 1-5　差动保护的动作特性曲线 2

用一台继电保护测试仪给两套保护装置分别加单相电流 I_{A1}，I_{A2}，相角相差 180°，大小可以推导如下：

由

$$\begin{cases} I_d = I_{A1} - I_{A2} \\ I_r = I_{A1} + I_{A2} \end{cases} \quad\quad (1-4)$$

可得出

$$\begin{cases} I_{A1} = 0.5(I_r + I_d) \\ I_{A2} = 0.5(I_r - I_d) \end{cases} \quad\quad (1-5)$$

加电流时宜使用电流电压菜单，一路电流（如 I_{A1}）设定不变，另一路（如 I_{A2}）电流设定 0.01~0.02 A 的步长，逐渐变化，寻找动作点。图 1-5 中的一组数值如表 1-4 所列，其中 $I_{CD} = 0.5$ A，$I_{nt} = 4$ A。以差动低值为例，$I_{DZ} = 0.6$ A，验证图中各点。实际试验结果应与表 1-4 中算得的数据相近。

表 1-4 差动保护各测试点动作电流的计算值 2

项目	动作电流的计算值/A			
	a 点	b 点	c 点	d 点
I_{A1}	0.25	0.75	2.0	2.3
I_{A2}	0.75	2.25	6.0	7.7
I_d	0.50	1.50	4.0	5.4
I_r	1.00	3.00	8.0	10.0

（3）零差保护

除了启动门槛随定值不同而不同以外，零差保护的动作特性是固定不变的。也就是说，固定的几组数据在不同的门槛定值下的试验结果是一样的，其动作特性曲线如图 1-6[1] 所示。使用电流电压菜单，实际试验结果应与表 1-5 中算得的数据相近。

表 1-5 零差保护各测试点动作电流的计算值 2

项目	动作电流的计算值/A		
	a 点	b 点	c 点
I_{01}	0.9	1.8	2.7
I_{02}	0.1	0.2	0.3
I_d	0.8	1.6	2.4
I_r	1.0	2.0	3.0

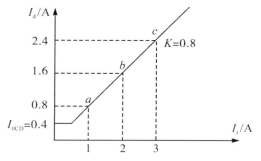

图 1-6 零差保护的动作特性曲线 2

零序差动 I 段延时 60 ms 选跳故障相,II 段延时 150 ms 三跳。

(4) TA 断线闭锁差动

按照说明书,若 TA 断线闭锁差动控制字不投,则相差和零差都不闭锁;若投入,则闭锁零序差动,断线相 I_d 抬高到 I_n(闭锁电流值,一般情况下即 1 A)。

故障前两侧加三相对称穿越电流如下:

M 侧:$\dot{I}_{A1} = 0.15\ A \angle 0°, \dot{I}_{B1} = 0.15\ A \angle -120°, \dot{I}_{C1} = 0.15\ A \angle 120°$。

N 侧:$\dot{I}_{A2} = 0.15\ A \angle 180°, \dot{I}_{B2} = 0.15\ A \angle 60°, \dot{I}_{C2} = 0.15\ A \angle -60°$。

接下来分两次试验,差流小于 I_n 时应不动作,大于 I_n 时应动作。

① 差流小于 I_n:

第一步:从前面的正常状态突降 I_{A2} 到零,然后等 N 侧 TA 断线。

第二步:N 侧 TA 断线后,突升 I_{A1} 到 0.8 A。

两侧保护都应不动作。

② 差流大于 I_n:

第一步:从前面的正常状态突降 I_{A2} 到零,然后等 N 侧 TA 断线。

第二步:N 侧 TA 断线后,突升 I_{A1} 到 1.1 A。

保护应动作。

实际上在模拟第二步突升 I_{A1} 到 1.1 A 时保护并未动作,反复试验直到电流到达 5 A 时才动作,详细原因有待进一步探讨。

1.3.2 阻抗保护

阻抗 I、II 段按照图 1-7 所示的动作图形校验。以阻抗 I 段为例,设 $Z_{ZD1} = 5\ \Omega, R_{ZD} = 7$,线路阻抗角 $\varphi_{ZD} = 80°$,则:$R' = \min(0.5R_{ZD},\ 0.5Z_{ZD}) = 2.5, X' =$

$\min(0.5\ \Omega,\ 0.5Z_{ZD}) = 0.5$。

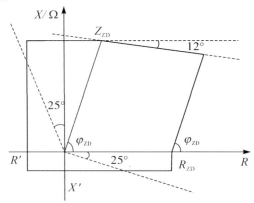

图 1-7　阻抗 I 、II 段保护的动作方程图

测得一组数据如表 1-6 所列。

表 1-6　阻抗角与动作值对应表 1

阻抗角	动作值/Ω	阻抗角	动作值/Ω
90°	1.8	−23°	1.2
100°	4.9	−5°	5.7
110°	5.2	0°	6.9
150°	不动	30°	7.0
180°	不动	45°	5.7
270°	不动	80°	4.9

阻抗 III 段按照图 1-8 所示的动作图形校验。其与阻抗 I 、II 段的区别是四边形的上沿没有向下偏移的 12°。

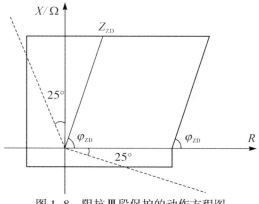

图 1-8　阻抗 III 段保护的动作方程图

定值设为和阻抗 I 段一样,重点模拟 30°和 45°处(表 1-7),从中可以看出其与 I 段的区别。

表 1-7 30°和 45°对应的动作值

阻抗角	动作值/Ω
30°	9
45°	7

1.3.3 零序电流保护

(1)方向零序保护

方向零序保护主要是校验其动作区间,说明书中对于动作区间的描述公式如下:

$$175° \leqslant \arg(3U_0/3I_0) \leqslant 325° \tag{1-6}$$

实际就等价于 $3U_0$ 超前于 $3I_0$ 的范围为 175°~325°。按照前面介绍的方法,对应画出来的区间图如图 1-9 所示。这里将思路再重复一遍:在整组菜单中选择单相接地故障,故障阻抗角的值取反就是零序电流的角度,而零序电压的角度可以始终视为 180°。

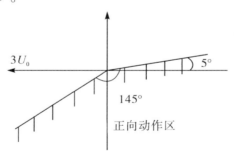

图 1-9 方向零序保护方向元件的动作特性图 2

如果 I_0 的角度落在阴影区域,就应该动作。当然故障一定要选择正向故障,然后调整故障阻抗角才有意义。同时,零序保护还要注意保护的零序补偿系数应和继电保护测试仪菜单中的调整为一致。一般设 $K_s = 0.667$,$I_m = 0$。

(2)零序Ⅳ段增加无方向段

这是一个本保护特有的项目,由于Ⅳ段零序保护均有方向,因此这一功能主要是在 PT 断线时对零序保护功能作一个补充。具体方法:零序Ⅳ段 I_{04} 投经方向闭锁;PT 断线后,加单相电流 I_A,满足 $I_0 > I_A > I_{04}$。保护动作,报文为零序Ⅳ段动作。

1.3.4　PT 断线过流

PT 断线过流分为 PT 断线零序过流和 PT 断线相过流,含义和做法都与 CSC-103A 保护中 TV 断线过流的相应项目相同。

1.4　C 公司 RCS-931 超高压线路成套保护装置

RCS-931 系列为由微机实现的数字式超高压线路成套快速保护装置,可用作 220 kV 及以上电压等级输电线路的主保护及后备保护。

1.4.1　工频变化量阻抗保护

这一功能是 C 公司线路保护的一个特有功能,此处不从原理上详加分析,只针对这一功能提供一种模拟方法。工频变化量阻抗保护的动作判据如下:

$$|\Delta U_{\mathrm{OP}}| > U_{\mathrm{Z}}$$

相间故障:$\Delta U_{\mathrm{OPAB}} = \Delta U_{\mathrm{AB}} - \Delta I_{\mathrm{AB}} \cdot Z_{\mathrm{ZD}}$。

接地故障:$\Delta U_{\mathrm{OPA}} = \Delta U_{\mathrm{A}} - \Delta(I_{\mathrm{A}} + K \cdot 3I_0) \cdot Z_{\mathrm{ZD}}$。

Z_{ZD} 为工频变化量阻抗定值,U_{Z} 取正常运行工作电压的记忆值。

针对两种故障,厂家对应提供了两种试验用的公式:

相间故障:$U_{\mathrm{AB}} = 2I_{\mathrm{AB}} \cdot Z_{\mathrm{ZD}} + 100 \cdot (1 - 1.05m)$。

接地故障:$U_{\mathrm{A}} = (1+K)I_{\mathrm{A}} \cdot Z_{\mathrm{ZD}} + 57.735 \cdot (1 - 1.05m)$。

其中,当 $m = 0.9$ 时,加对应的故障量保护不动作;当 $m = 1.1$ 时,加对应的故障量保护动作。经验证是相符的。但其对原理的表现并不明显。经过对其进行变换等式变换,并与原始公式的对比总结发现,可以总结动作方程如下:

相间故障:$U_{\mathrm{AB}}/2I_{\mathrm{AB}} < Z_{\mathrm{ZD}}$。

接地故障:$U_{\mathrm{A}}/(1+K)I_{\mathrm{A}} < Z_{\mathrm{ZD}}$。

实际上,这就是通用的阻抗计算公式[4]。这里相关的定值项目有工频变化量阻抗定值 Z_{ZD}(设为 5 Ω)、零序补偿系数 K(设为 0.67)、正序灵敏角和零序灵敏角(均设为 85°)。模拟时要先投距离保护压板,并把距离Ⅰ段定值调到 4 Ω。

用整组菜单,设故障阻抗角为 85°;补偿系数 $K_s = 0.67$,$I_m = 0$;瞬时性故障,延时 0.05 s;负荷电流为 0。先加正常量,等 TV 断线恢复,再加故障量。

相间故障:设短路电流为 8 A、短路阻抗为 4.9 Ω 时保护动作,短路阻抗为 5.1 Ω 时保护不动作。

接地故障:设短路电流为 5 A、短路阻抗为 4.7 Ω 时保护动作,短路阻抗为 5.0 Ω 时保护不动作。

保护报文:10 ms,工频变化量阻抗。本保护在判单跳失败后 150 ms 自动转三跳,包括下面的差动、距离、零序等功能模块。工频变化量阻抗元件由距离保护压板投退。

1.4.2　光纤差动保护

光纤差动分为高值、低值,其动作方程相同:

$$\begin{cases} I_{CD} > I_H \\ I_{CD} > 0.75 \cdot I_r \\ I_{CD} = |\dot{I}_m + \dot{I}_n| \\ I_r = |\dot{I}_m - \dot{I}_n| \end{cases} \tag{1-7}$$

式中,I_{CD} 为各相差流,A;I_H 为差动高定值,低定值方程时将其换成差动低定值 I_M,A。

差动保护的动作特性曲线如图 1-10 所示。

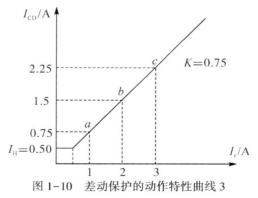

图 1-10　差动保护的动作特性曲线 3

(1) 环回试验

在进行动作门槛及动作时间校验时,用环回试验方式。如果选用互环方式,那么由于不加故障量的一侧无电流量启动,走弱馈逻辑,将出口延时加长,因此与说明书指标(差流大于 1.5 倍高定值时,动作时间小于 25 ms)不符。低值差动出口经 40 ms 延时。环回时投环回控制字,将通道自环,差流为所加量的 2 倍 I_{H}。纵联差动保护定值校验:

① 差动电流启动值(稳态 Ⅱ 段相差动)校验。模拟对称或不对称故障(所加入的故障电流必须保证装置能启动),使故障电流为

$$I = m \cdot 0.5 \cdot I_{\mathrm{CDQD}} \tag{1-8}$$

式中,I_{CDQD} 为差动电流启动值,A。当 $m = 0.95$ 时,差动保护应不动作;当 $m = 1.05$ 时,差动保护能动作。在 $m = 1.2$ 时测试差动保护的动作时间(40 ms 左右)。

② 稳态 Ⅰ 段相差动试验。模拟对称或不对称故障(所加入的故障电流必须保证装置能启动),使故障电流为

$$I = m \cdot 0.5 \cdot (1.5 \cdot I_{\mathrm{CDQD}}) \tag{1-9}$$

当 $m = 0.95$ 时,差动保护 Ⅱ 段动作,动作时间为 40 ms 左右;当 $m = 1.05$ 时,差动保护 Ⅰ 段能动作。在 $m = 1.2$ 时测试差动保护 Ⅰ 段的动作时间(20 ms 左右)。

(2)差动特性曲线校验

差动特性曲线的校验必须在有两套相同装置的情况下,将其互联,模拟正常运行状态才能进行。试验条件:

①通道环回控制字退出;

②两套装置:一套投主机方式,一套投从机方式;

③置内时钟状态;

④投差动压板。

从动作特性曲线图中就可以看出,本保护除了动作门槛随定值不同而不同以外,其动作特性是固定不变的。也就是说,图中所选的几个点在不同门槛定值下的动作情况是一样的。调试时可以直接采用表 1-8 中的数据。

表 1-8 差动保护各测试点的动作电流值

项目	动作电流值/A		
	a 点	b 点	c 点
$I_1 = 0.5(I_{\mathrm{r}} + I_{\mathrm{CD}})$	0.875	1.75	2.625
$I_2 = 0.5(I_{\mathrm{r}} - I_{\mathrm{CD}})$	0.125	0.25	0.375
I_{CD}	0.750	1.50	2.250
I_{r}	1.000	2.00	3.000

用一台继电保护测试仪给两套保护装置分别加单相电流 I_1，I_2，相角相差 $180°$，电流大小参照表 1-8。加电流时宜使用电流电压菜单，一路电流（如 I_1）设定不变，另一路（如 I_2）电流设定 $0.01\sim0.02$ A 的步长，逐渐变化，寻找动作点。结果应该和表 1-8 中的数据相符。

(3) TA 断线闭锁差动

TA 断线瞬间，断线侧可能启动，但对侧不会启动，保护不动作。TA 断线时发生故障或扰动使启动元件动作，若"TA 断线闭锁差动"整定为 1，则闭锁差动；若"TA 断线闭锁差动"整定为 0，且该相差流大于"TA 断线差流定值"，则仍开放差动保护。

①模拟条件。

Ⅰ.两套装置互环，投主保护压板，开关均合位（或断控制电源）；

Ⅱ.差动低定值 0.4 A，TA 断线差流定值 0.9 A，电流变化量启动值 0.2 A；

Ⅲ.试验过程中两侧均始终不加电压，TV 断线一直报警。

②模拟验证。

下面分三种情况进行模拟验证。

Ⅰ.两侧"TA 断线闭锁差动"均投 0，断线后断线相差流大于 TA 断线差流定值。选用状态序列菜单试验，设置一组包括三个状态的序列：

状态 1：给两套装置加一组三相对称穿越电流。

本侧：$\dot{I}_{A1} = 0.7\ \text{A}\angle 0°$，$\dot{I}_{B1} = 0.7\ \text{A}\angle -120°$，$\dot{I}_{C1} = 0.7\ \text{A}\angle 120°$。

对侧：$\dot{I}_{A2} = 0.7\ \text{A}\angle 180°$，$\dot{I}_{B2} = 0.7\ \text{A}\angle 60°$，$\dot{I}_{C2} = 0.7\ \text{A}\angle -60°$。

结束方式为时间控制，设为 11 s。其目的是等待穿越电流引起的"启动"恢复。

状态 2：模拟本侧 A 相断线，令 $\dot{I}_{A1} = 0\ \text{A}\angle 0°$，其余量不变。结束方式为时间控制，设为 11 s。其目的是等待 A 相断线引起的"启动"恢复。

状态 3：增加对侧断线相电流，使其值大于 TA 断线差流定值，看保护是否动作。

本侧：$\dot{I}_{A1} = 0\ \text{A}\angle 0°$，$\dot{I}_{B1} = 0.7\ \text{A}\angle -120°$，$\dot{I}_{C1} = 0.7\ \text{A}\angle 120°$。

对侧：$\dot{I}_{A2} = 1.0\ \text{A}\angle 180°$，$\dot{I}_{B2} = 0.7\ \text{A}\angle 60°$，$\dot{I}_{C2} = 0.7\ \text{A}\angle -60°$。

结束方式为时间控制，设为 0.05 s。设置完后试验开始。

试验结果：差动保护 A 相动作。

Ⅱ."TA 断线闭锁差动"为 0,断线后断线相差流小于 TA 断线差流定值。

状态 1:同Ⅰ。

状态 2:同Ⅰ。

状态 3:设对侧 A 相电流为 0.4 A,其余量同Ⅰ。

本侧:$\dot{I}_{A1} = 0$ A$\angle 0°$,$\dot{I}_{B1} = 0.7$ A$\angle -120°$,$\dot{I}_{C1} = 0.7$ A$\angle 120°$。

对侧:$\dot{I}_{A2} = 0.85$ A$\angle 180°$,$\dot{I}_{B2} = 0.7$ A$\angle 60°$,$\dot{I}_{C2} = 0.7$ A$\angle -60°$。

结束方式为时间控制,设为 1 s。设置完后试验开始。

试验结果:保护不动作。

Ⅲ."TA 断线闭锁差动"为 1,断线后断线相差流大于 TA 断线差流定值。

各状态同Ⅰ。

试验结果:保护不动作。

注:实际在单侧自环试验中也能模拟 TA 断线闭锁逻辑。加量方法和互环类似。

1.4.3 零序差动

零序差动分为两段,在定值单中没有明确的定值项,实际上其启动值统一为零序启动电流定值 I_{QD0},固定延时 120 ms,三跳固定延时 250 ms。

设 $I_{QD0} = 0.4$ A,抬高差动高值、低值定值,大于 0.6 A。若 TA 二次额定电流为 1 A,要整定正序电抗 $X_{C1} = 580$ Ω,零序电抗 $X_{C0} = 850$ Ω。

模拟时,在整组菜单中选择单相故障,故障阻抗设为 10 Ω,阻抗角为 0° 或 $-90°$,故障延时 0.3 s。负荷电流设为 0.05 A$\angle 30°$。当短路电流为 0.19 A 时,保护不动作;为 0.22 A 时,保护动作。120 ms 左右选跳故障相,250 ms 左右三跳。

根据厂家调试大纲,还可以采用以下方法进行试验:设 $I_{QD0} = 0.1$ A,$I_n = 0.1$ A;整定 X_{C1},使得 $U_n / X_{C1} = 0.4 I_n > 0.1 I_n$。即设 $X_{C1} = 145$ Ω,$X_{C0} = 150$ Ω。

状态 1:加三相对称电压 57.735 V,容性负荷电流 $I = U_n / 2X_{C1} = 0.2$ A $\angle -90°$,延时 10 s。

状态 2:在状态 1 的基础上增加任一相电流到 0.6 A,延时 0.3 s。

这种方法的零序差动会准确在 120 ms 选相动作。

将三相对称的电容电流 $I_C = 0.9 \cdot 0.5 \cdot I_{CDQD}$(电流超前电压 90°)加入装置,保持时间 20 s。模拟零序差动故障,加入一相电流 $I = 1.35 I_C$,其余两相电流为 0,动作时间为 120 ms 左右。

1.4.4 距离保护

本保护的距离特性是偏移圆特性[1]，仍然可以用整组菜单变换阻抗角来扫描其实际动作范围特性，结果如图 1-11 所示。

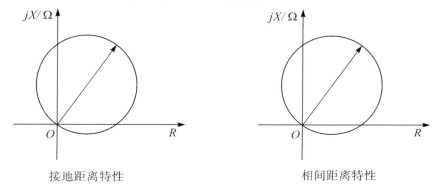

接地距离特性   相间距离特性

图 1-11　距离保护的动作特性方程图 2

注：jX 为电抗值。

设 $Z_{d1} = Z_{X1} = 7.1\ \Omega$，实测的两组数据如表 1-9 所列。

表 1-9　阻抗角与动作值对应表 2

阻抗角	接地距离动作值/Ω	相间距离动作值/Ω
0°	1.5	0.5
70°	7.1	7.1
90°	7.5	7.7
135°	1.5	4.0
−5°	0.5	0.3

1.4.5 零序保护

(1) 零序方向过流

零序保护方向元件的动作特性如图 1-12 所示。注意事项同 CSC-103A。

在整组菜单中选择单相接地故障，故障阻抗角的值取反就是零序电流的角度，而零序电压的角度可以始终视为 180°。这种方法的原理参见《零序方向元件动作特性另类扫描》。图 1-12 中已经将 $3U_0$ 旋转置于 180° 方向，以适应该方法的需要。定值中有"零序灵敏角"一项，但与零序方向无关。

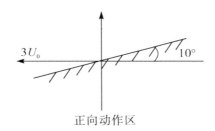

图 1-12 零序保护方向元件的动作特性图

（2）零序加速段

在零序菜单中选择两次故障，第一次故障满足零序Ⅰ段定值，第二次故障满足加速段定值。故障延时 0.1 s，故障前时间为 0.7 s。控制方式为自动。进入故障前状态后等待 TV 告警消失，然后加量。报文为零序Ⅰ段动作，零序加速段动作。

1.4.6　TV 断线过流

做法同 CSC-103A。区别在于：模拟 TV 断线相过流时，要投距离保护压板；模拟 TV 断线零序过流时，要投零序保护压板。

1.4.7　开关检修把手的位置确认

开关检修切换把手在 3/2 接线方式的线路保护屏上十分常见，确认两个切换位置十分重要。实际使用分合式开关是最直接的方法，一般作为最后的检验。

另一种方法就是将转换把手切到某一位置，然后在 TWJ 引入的端子上测量通断，通的端子上接的开关编号就是现在切换把手所在位置应命名的编号。注意测量时要切断装置电源，拆开 TWJ 引线。

1.5　D 公司 WXH-803A-G 高压线路保护

WXH-803A-G 保护装置为微机实现的数字式超高压线路快速保护装置，用作 220 kV 及以上电压等级输电线路的主保护及后备保护[3]。WXH-803A-G 线路保护装置的主保护为纵联电流差动保护，后备保护为三段式相间距离及接地距离保护、两段式零序定时限过流保护。

1.5.1　纵联差动保护

（1）稳态差动

动作方程：

$$\begin{cases} I_{CDF} > I_{setF} \\ I_{CDF} > 0.75 \cdot I_r \end{cases} \tag{1-10}$$

式中，动作电流差动分量 $I_{CDF} = |I_{MF} + I_{NF}|$，为两侧电流矢量和的幅值，A；制动电流 $I_r = |I_{MF} - I_{NF}|$，为两侧电流矢量差的幅值，A；I_{setF} 为差动动作电流定值，A。稳态量差动延时段继电器动作后固定经40 ms延时动作。

（2）快速差动

动作方程：

$$\begin{cases} I_{CDF} > 2I_{setF} \\ I_{CDF} > 0.8 \cdot I_r \end{cases} \tag{1-11}$$

式中，动作电流 $I_{CDF} = |I_{MF} + I_{NF}|$，为两侧电流矢量和的幅值，A；制动电流 $I_r = |I_{MF} - I_{NF}|$，为两侧电流矢量差的幅值，A；I_{setF} 为差动动作电流定值，A。

（3）零序差动

动作方程：

$$\begin{cases} I_{CD0} > I_{setF} \\ I_{CD0} > 0.75 \cdot I_{r0} \end{cases} \tag{1-12}$$

式中，动作电流 $I_{CD0} = |I_{M0} + I_{N0}|$，为两侧电流矢量和的幅值，A；制动电流 $I_{r0} = |I_{M0} - I_{N0}|$，为两侧电流矢量差的幅值，A；$I_{set}$ 为差动动作电流定值，A。满足条件后延时100 ms动作。

（4）保护校验

光纤插件上通道一光纤接口的接收"RX"和发送"TX"用一根光纤跳线短接，构成自发自收；同时将装置内两侧识别码整定一致；"本侧识别码"和"对侧识别码"整定为相同，通道异常告警恢复。自环方式无法校验特性曲线。

①稳态差动校验。

用继电保护测试仪电流菜单，A 相加入电流，$I_A = 1.05 \cdot 0.5 \cdot I_{set}$，稳态差动保护动作，在 $I_A = 0.95 \cdot 0.5 \cdot I_{set}$ 时，稳态差动保护不动作，动作时间 40 ms 左右；在 $I_A = 1.2 \cdot 0.5 \cdot I_{set}$ 时测试稳态差动保护的动作时间（40 ms 左右）。B、C 相按照上面的步骤进行。

②快速差动校验。

用继电保护测试仪电流菜单，A 相加入电流，$I_A = 1.05 \cdot 0.5 \cdot 2 \cdot I_{set}$，快速差动保护动作，在 $I_A = 0.95 \cdot 0.5 \cdot 2 \cdot I_{set}$ 时，稳态差动保护动作，动作时间 40 ms 左右；在 $I_A = 1.2 \cdot 0.5 \cdot 2 \cdot I_{set}$ 时测试稳态差动保护的动作时间（20 ms 左右），B、C 相按照上面步骤进行。

③零序差动校验。

设定 $I_{set} = 0.2$ A，断路器合位、投零差；

状态 1：$U_A = 57.74$ V$\angle 0°$、$U_B = 57.74$ V$\angle -120°$、$U_C = 57.74$ V$\angle 120°$，

$\qquad$ $I_A = 0$ A$\angle 0°$、$I_B = 0$ A$\angle -120°$、$I_C = 0$ A$\angle 120°$，18 s。

状态 2：$U_A = 50$ V$\angle 0°$、$U_B = 57.74$ V$\angle -120°$、$U_C = 57.74$ V$\angle 120°$，

$\qquad$ $I_A = 0.105$ A$\angle 0°$、$I_B = 0$ A$\angle -120°$、$I_C = 0$ A$\angle 120°$，100 ms。

零差动作，跳 A 相，重合闸 A 相。

1.5.2 快速距离保护

单相接地故障时电压：

$$U = (1 + K_Z) \cdot I \cdot Z_{set} + (1 - 1.38m) \cdot U_N \qquad (1-13)$$

相间故障时电压：

$$U = 2 \cdot I \cdot Z_{set} + (1 - 1.3m) \cdot U_{NN} \qquad (1-14)$$

式中，$m = 0.9$、1.1、3；Z_{set} 为快速距离阻抗定值，Ω；K_Z 为零序补偿系数，一般取 0.67；$U_N = 57.74$ V、$U_{NN} = 100$ V。

(1) 单相接地快速距离保护

设定：$Z_{set} = 2.5$ Ω、灵敏角 $F = 80°$、$K_Z = 0.67$、断路器合位、投快速距离、投单重；

状态 1：$U_A = 57.74$ V$\angle 0°$、$U_B = 57.74$ V$\angle -120°$、$U_C = 57.74$ V$\angle 120°$，

$\qquad$ $I_A = 0$ A$\angle 0°$、$I_B = 0$ A$\angle -120°$、$I_C = 0$ A$\angle 120°$，18 s。

状态 2：$U_A = 11.9$ V$\angle 0°$、$U_B = 57.74$ V$\angle -120°$、$U_C = 57.74$ V$\angle 120°$，

$I_A=10$ A$\angle-80°$、$I_B=0$ A$\angle-120°$、$I_C=0$ A$\angle120°$,100 ms。

快速距离保护动作,A 相 20 ms,重合闸 A 相。

（2）相间故障快速距离保护

状态 1：$U_A=57.74$ V$\angle0°$、$U_B=57.74$ V$\angle-120°$、$U_C=57.74$ V$\angle120°$,

$I_A=0$ A$\angle0°$、$I_B=0$ A$\angle-120°$、$I_C=0$ A$\angle120°$,18 s。

状态 2：$U_A=57.74$ V$\angle0°$、$U_B=28.72$ V$\angle7°$、$U_C=28.72$ V$\angle-7°$,

$I_A=0$ A$\angle-0°$、$I_B=10$ A$\angle10°$、$I_C=10$ A$\angle-170°$,100 ms。

快速距离保护动作,A、B、C 跳闸。

1.5.3 距离保护

单相接地故障时的电压：

$$U=m\cdot I\cdot Z_{ZD}(1+K_Z)$$

相间故障时的电压：

$$U=m\cdot I\cdot Z_Z$$

式中,$m=0.95$、1.05；Z_{ZD} 为快接地距离阻抗定值,Ω；Z_Z 为相间阻抗定值；K_Z 为零序补偿系数,一般取 0.67；$m=0.95$ 保护动作,$m=1.05$ 保护不动作。

设定接地距离 Ⅱ 段、相间距离 Ⅱ 段定值均为 2.5 Ω,接地距离 Ⅱ 段、相间距离 Ⅱ 段延时均为 0.5 s,$F=80°$。

（1）接地距离保护

状态 1：$U_A=57.74$ V$\angle0°$、$U_B=57.74$ V$\angle-120°$、$U_C=57.74$ V$\angle120°$,

$I_A=0$ A$\angle0°$、$I_B=0$ A$\angle-120°$、$I_C=0$ A$\angle120°$,18 s。

状态 2：$U_A=19.84$ V$\angle0°$、$U_B=57.74$ V$\angle-120°$、$U_C=57.74$ V$\angle120°$,

$I_A=5$ A$\angle-80°$、$I_B=0$ A$\angle-120°$、$I_C=0$ A$\angle120°$,600 ms。

接地距离动作,B 相,动作时间为 0.52 s。

（2）相间距离保护

A、B 相短路。

状态 1：$U_A=57.74$ V$\angle0°$、$U_B=57.74$ V$\angle-120°$、$U_C=57.74$ V$\angle120°$,

$I_A=0$ A$\angle0°$、$I_B=0$ A$\angle-120°$、$I_C=0$ A$\angle120°$,18 s。

状态 2：$U_A = 17.36\text{ V}\angle 20°$、$U_B = 17.36\text{ V}\angle -20°$、$U_C = 57.74\text{ V}\angle 120°$，

$\quad\quad I_A = 5\text{ A}\angle 10°$、$I_B = 0\text{ A}\angle -170°$、$I_C = 0\text{ A}\angle 120°$，$600\text{ ms}$。

相间距离 AB 动作，动作时间 0.61 s，A、B、C 三跳。

采用另一型号继电保护测试仪的阻抗定值校验菜单，坐标 R-X，负荷电流 0，故障前时间 18 s，时间控制，如图 1-13 和图 1-14 所示。

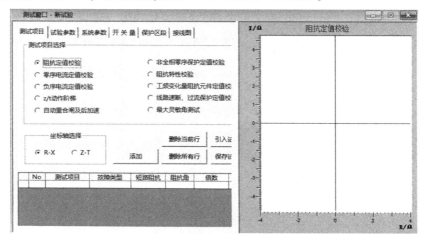

图 1-13　相间距离保护阻抗定值校验菜单 1

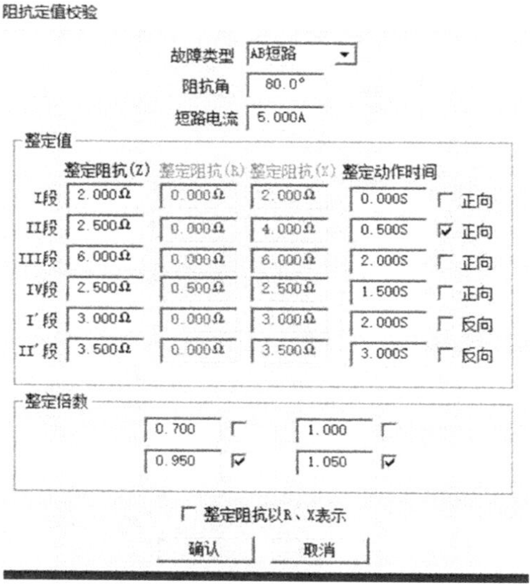

图 1-14　相间距离保护阻抗定值校验菜单 2

相间距离保护动作，A、B 相，三跳。以上以 A、B 相间距离为例，B、C、A、C

相间距离校验参照上面实例进行。

（3）距离加速段定值

①手合加速距离Ⅲ段。

设定：接地距离Ⅲ段定值 15 Ω，延时 2 s，灵敏角 $F=80°$，零序补偿系数 $K_Z=0.67$；断路器跳闸位置 $TWJ_A=1$、$TWJ_B=1$、$TWJ_C=1$，$U=m·I·Z_{ZD}(1+K_Z)=0.95·1·15·(1+0.67)=23.80$ V。

状态 1：$U_A=57.74$ V $\angle0°$、$U_B=57.74$ V $\angle-120°$、$U_C=57.74$ V $\angle120°$，
$I_A=0$ A $\angle0°$、$I_B=0$ A $\angle-120°$、$I_C=0$ A $\angle120°$，18 s；

状态 2：$U_A=23.80$ V $\angle0°$、$U_B=57.74$ V $\angle-120°$、$U_C=57.74$ V $\angle120°$，
$I_A=1$ A $\angle-80°$、$I_B=0$ A $\angle-120°$、$I_C=0$ A $\angle120°$，100 ms。

接地距离加速动作，永跳动作，保护跳 ABC。

②重合闸加速接地距离Ⅱ段。

设定：接地距离Ⅱ段定值 3 Ω，延时 0.5 s，灵敏角 $F=80°$，零序补偿系数 $K_Z=0.67$；单相重合闸时间 0.8 s，三相开关合位。

状态 1：$U_A=57.74$ V $\angle0°$、$U_B=57.74$ V $\angle-120°$、$U_C=57.74$ V $\angle120°$，
$I_A=0$ A $\angle0°$、$I_B=0$ A $\angle-120°$、$I_C=0$ A $\angle120°$，18 s；

状态 2：$U_A=23.66$ V $\angle0°$、$U_B=57.74$ V $\angle-120°$、$U_C=57.74$ V $\angle120°$，
$I_A=5$ A $\angle-80°$、$I_B=0$ A $\angle-120°$、$I_C=0$ A $\angle120°$，0.6 s；

状态 3：$U_A=57.74$ V $\angle0°$、$U_B=57.74$ V $\angle-120°$、$U_C=57.74$ V $\angle120°$，
$I_A=0$ A $\angle0°$、$I_B=0$ A $\angle-120°$、$I_C=0$ A $\angle120°$，0.9 s；

状态 4：$U_A=23.66$ V $\angle0°$、$U_B=57.74$ V $\angle-120°$、$U_C=57.74$ V $\angle120°$，
$I_A=5$ A $\angle-80°$、$I_B=0$ A $\angle-120°$、$I_C=0$ A $\angle120°$，0.2 s。

动作状况：接地距离Ⅱ段动作，A 相 515 ms；重合闸动作，1.42 s；接地距离加速动作，A 相 1.52 s，永跳动作。

1.5.4　零序保护校验

装置设置了两段式零序过流保护，零序过流Ⅱ段、零序过流Ⅲ段受零序过流保护压板及零序过流保护控制字控制，零序过流Ⅱ段固定经零序功率方向，零序过流Ⅲ段通过控制字"零序过流Ⅲ段经方向"选择是否经零序功率方向。

零序功率方向元件的动作方程：

$$-190° < \arg \frac{\dot{U}_0 - \dot{I}_0 \cdot jX_{set0}}{\dot{I}_0} < -30° \qquad (1-15)$$

设定：接地距离Ⅱ段定值为 3 Ω，延时 0.5 s，灵敏角 $F=80°$，零序补偿系数 $K_Z=0.67$，零序过流定值为 1.5 A、1.0 s。

(1)零序过流定值校验

状态 1：$U_A=57.74$ V$\angle 0°$、$U_B=57.74$ V$\angle -120°$、$U_C=57.74$ V$\angle 120°$，

$I_A=0$ A$\angle 0°$、$I_B=0$ A$\angle -120°$、$I_C=0$ A$\angle 120°$，18 s；

状态 2：$U_A=57.74$ V$\angle 0°$、$U_B=57.74$ V$\angle -120°$、$U_C=43.56$ V$\angle 120°$，

$I_A=0$ A$\angle 0°$、$I_B=0$ A$\angle -120°$、$I_C=4.73$ A$\angle 50°$，1.1 s。

零序过流Ⅱ段动作。

(2)零序方向动作区测试

继电保护测试仪手动菜单。

边界 1 校验：

步骤 1：$U_A=57.74$ V$\angle 0°$、$U_B=57.74$ V$\angle -120°$、$U_C=57.74$ V$\angle 120°$，

$I_A=0$ A$\angle 0°$、$I_B=0$ A$\angle -120°$、$I_C=0$ A$\angle 120°$，输出保持；

步骤 2：解锁，输出改变。

$U_A=57.74$ V$\angle 0°$、$U_B=57.74$ V$\angle -120°$、$U_C=50$ V$\angle 120°$，

$I_A=0$ A$\angle 0°$、$I_B=0$ A$\angle -120°$、$I_C=5$ A$\angle 135°$；

减少 I_C 的角度，步长 1°，第一边界点在 $I_C=5$ A$\angle 130°$附近。

边界 2 校验：

步骤 1：$U_A=57.74$ V$\angle 0°$、$U_B=57.74$ V$\angle -120°$、$U_C=57.74$ V$\angle 120°$，

$I_A=0$ A$\angle 0°$、$I_B=0$ A$\angle -120°$、$I_C=0$ A$\angle 120°$，输出保持；

步骤 2：解锁，输出改变。

$U_A=57.74$ V$\angle 0°$、$U_B=57.74$ V$\angle -120°$、$U_C=50$ V$\angle 120°$，

$I_A=0$ A$\angle 0°$、$I_B=0$ A$\angle 0°$、$I_C=5$ A$\angle -25°$；

减少 I_C 的角度，步长 1°，第二边界点在 $I_C=5$ A$\angle -30°$附近。

1.5.5　零序反时限保护

零序反时限保护采用标准反时限特性方程中的正常反时限特性方程：

$$t(I_0) = \frac{0.14}{\left(\dfrac{I_0}{I_p}\right)^{0.02} - 1} T_p \qquad (1-16)$$

式中，I_p 为电流基准值，对应零序反时限电流定值，A；T_p 为时间常数，对应零序反时限时间定值，s。选取 $3I_0$ 数值，计算零序反时限电流动作时间，电流菜单加量校验，CT 断线后，闭锁零序反时限保护。

1.6　C 公司 PCS-931S 超高压线路保护

PCS-931 系列为由微机实现的数字式超高压线路成套快速保护装置，可用作 220 kV 及以上电压等级输电线路的主保护及后备保护[5]。PCS-931 包括以分相电流差动和零序电流差动为主体的快速主保护、由工频变化量距离元件构成的快速 I 段保护、由三段式相间和接地距离及多个零序方向过流构成的全套后备保护，可分相出口。

1.6.1　电流差动保护

(1) 稳态 I 段相差动

动作方程：

$$I_{CD} > 0.6I_r, \quad I_{CD} > I_H, \quad I_{CD} = |I_M + I_N| \qquad (1-17)$$

式中，I_{CD} 为差动电流，$I_r = |I_M - I_N|$，I_r 为制动电流，A。

当电容电流补偿投入时，I_H 为"1.5 倍差动电流定值"（整定值）和 1.5 倍实测电容电流的大值；当电容电流补偿不投入时，I_H 为"1.5 倍差动电流定值"（整定值）和 4 倍实测电容电流的大值。实测电容电流由正常运行时未经补偿的差流获得。

(2) 稳态 II 段相差动

动作方程：

$$I_{CD} > 0.6I_r, \quad I_{CD} > I_{M\varphi} \qquad (1-18)$$

当电容电流补偿投入时，$I_{M\varphi}$ 为"差动电流定值"（整定值）和 1.25 倍实测电容电流的大值；当电容电流补偿不投入时，$I_{M\varphi}$ 为"差动电流定值"（整定值）和

1.5 倍实测电容电流的大值。稳态Ⅱ段相差动继电器经 25 ms 延时动作。

(3)零差保护

对于经高过渡电阻接地故障，采用零序差动的继电器具有较高的灵敏度。由零序差动继电器，通过低比率制动系数的稳态差动元件选相，构成零序差动继电器，经 40 ms 延时动作。其动作方程：

$$\begin{cases} I_{CD0} > 0.75 \times I_{r0} \\ I_{CD0} > I_L \\ I_{CD\varphi} > 0.15 \times I_{r\varphi} \\ I_{CD\varphi} > I_L \end{cases} \tag{1-19}$$

式中，I_{CD0} 为零序差动电流，$I_{CD0} = |I_{M0} + I_{N0}|$，即为两侧零序电流矢量和的幅值，A；$I_{r0}$ 为零序制动电流，$I_{r0} = |I_{M0} - I_{N0}|$，即为两侧零序电流矢量差的幅值，A；$I_{CD\varphi}$ 为差动电流，A；$I_{r\varphi}$ 为制动电流，A。无论电容电流补偿是否投入，I_L 均为"差动电流定值"(整定值)和 1.25 倍实测电容电流的大值。

(4)保护校验

单模光纤的接收"R_x"和发送"T_x"用尾纤短接，构成自发自收方式，将"通道-差动保护"("纵联差动保护")、"通道-通信内时钟"("通信内时钟")均置 1，"本侧识别码"和"对侧识别码"整定为相同，通道异常告警恢复，断路器跳闸位置不接入。下列校验试验中 I_{CDQD} 为"差动动作电流定值"。自环方式无法校验特性曲线。

①稳态差动保护Ⅰ段。

用继电保护测试仪电流菜单，A 相加入电流，$I_A = 1.05 \cdot 0.5 \cdot 1.5 \cdot I_{CDQD}$，稳态差动保护Ⅰ段动作；在 $I_A = 0.95 \cdot 0.5 \cdot 1.5 \cdot I_{CDQD}$ 时，稳态差动保护Ⅱ段动作，动作时间 40 ms 左右；在 $I_A = 1.2 \cdot 0.5 \cdot 1.5 \cdot I_{CDQD}$ 时测试差动保护Ⅰ段的动作时间(20 ms 左右)。B、C 相按照上面步骤进行。

②稳态差动保护Ⅱ段。

用继电保护测试仪电流菜单，A 相加入电流，$I_A = 1.05 \cdot 0.5 \cdot I_{CDQD}$，稳态差动保护Ⅱ段动作；在 $I_A = 0.95 \cdot 0.5 \cdot I_{CDQD}$ 时，稳态差动保护Ⅱ段不动作；在 $I_A = 1.2 \cdot 0.5 \cdot I_{CDQD}$ 时测试差动保护Ⅱ段的动作时间(40 ms 左右)。B、C 相按照上面步骤进行。

③零序差动保护。

用继电保护测试仪状态序列菜单。

故障前：$I_A = 0.78 \cdot 0.5 \cdot I_{CDQD} \angle 0°$，$I_B = 0.78 \cdot 0.5 \cdot I_{CDQD} \angle -120°$，$I_C = 0.78 \cdot 0.5 \cdot I_{CDQD} \angle 120°$。

故障：$I_A = 1.1 \cdot 0.5 \cdot I_{CDQD} \angle 0°$，$I_B = 0 \text{ A} \angle -120°$，$I_C = 0 \text{ A} \angle 120°$，持续时间为 100 ms。

零差保护动作，差动保护 A 相跳闸，动作时间为 50 ms 左右。

1.6.2　相间距离保护

①保护定值中"距离保护 I 段"控制字置 1。相间故障：$U_{AB} = 2I_{AB} \cdot Z_{ZD}$。

②加正常运行状态电压和电流，等保护 PT 断线异常恢复。

③加故障电流 $I = I_n$，故障电压 $U_{\varphi\varphi} = m \cdot 2 \cdot I \cdot Z_{ZD1}$（$U_{\varphi\varphi}$ 为故障相相间电压，Z_{ZD1} 为相间距离 I 段阻抗定值段阻抗定值），模拟正方向瞬时性相间短路故障，当 $m = 0.95$ 时，距离 I 段动作，装置面板上相应灯亮，液晶上显示"距离 I 段动作"，动作时间为 10~25 ms，动作相为"ABC"；当 $m = 1.05$ 时，距离 I 段不动作；当 $m = 0.8$ 时，测距离 I 段的动作时间。设定：距离 II 段定值为 3 Ω、0.5 s。

用状态序列：

状态 1：$U_A = 57.74 \text{ V} \angle 0°$、$U_B = 57.74 \text{ V} \angle -120°$、$U_C = 57.74 \text{ V} \angle 120°$，

$I_A = 0.2 \text{ A} \angle 0°$、$I_B = 0.2 \text{ A} \angle -120°$、$I_C = 0.2 \text{ A} \angle 120°$，18 s；

状态 2：$U_A = 28.5 \text{ V} \angle 30°$、$U_B = 28.5 \text{ V} \angle -30°$、$U_C = 57.74 \text{ V} \angle 120°$，

$I_A = 5 \text{ A} \angle 10°$、$I_B = 5 \text{ A} \angle -170°$、$I_C = 0.2 \text{ A} \angle 120°$，0.6 s。

距离 II 段动作，跳 ABC；当 $U_{AB} = 1.05 \cdot 2 \cdot Z_{ZD1}$ 时，距离 II 段不动作；当 $U_{AB} = 0.8 \cdot 2 \cdot Z_{ZD1}$ 时，测量动作时间大约为 0.51 s。相间距离 II、III 段保护参照上述方法校验，加故障量的时间应大于保护定值时间。

④距离保护也可用继电保护测试仪的阻抗定值校验菜单中的"阻抗定值校验"进行校验；坐标 R-X，负荷电流 0，添加菜单里阻抗角整定阻抗定值及动作时间，整定倍数选 0.95 动作，1.05 不动作。阻抗角为 80°。如图 1-15 和图 1-16 所示。

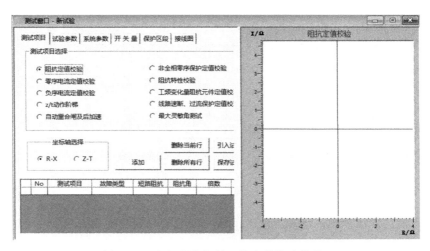

图 1-15 相间距离保护阻抗定值校验菜单 3

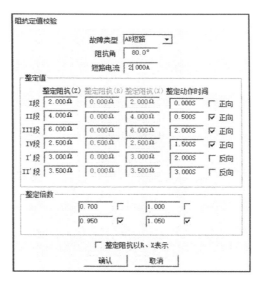

图 1-16 相间距离保护阻抗定值校验菜单 4

1.6.3 接地距离保护

①保护定值中"接地距离保护 I 段"控制字置 1。相间故障：$U_A = m \cdot (1 + K) \cdot I_A \cdot Z_{ZD}$。

②加正常运行状态电压和电流,等保护 PT 断线异常恢复。

③加故障电流 $I = I_n$,故障电压 $U_\varphi = m \cdot (1 + K) \cdot I_A \cdot Z_{ZD1}$（$U_\varphi$ 为故障相电

压,K 为零序补偿系数,Z_{ZD1} 为接地距离Ⅰ段阻抗定值段阻抗定值),模拟正方向瞬时性相间短路故障,当 $m=0.95$ 时,接地距离Ⅰ段动作,装置面板上相应灯亮,液晶上显示"接地距离Ⅰ段动作",动作时间为 $10\sim25$ ms,动作相为"ABC";当 $m=1.05$ 时,距离Ⅰ段不动作;当 $m=0.8$ 时,测距离Ⅰ段的动作时间。

用状态序列:

故障前:$U_A=57.74$ V$\angle0°$、$U_B=57.74$ V$\angle-120°$、$U_C=57.74$ V$\angle120°$,

$I_A=0.2$ A$\angle0°$、$I_B=0.2$ A$\angle-120°$、$I_C=0.2$ A$\angle120°$,15 s;

故障:$U_A=0.95\cdot(1+K)\cdot Z_{ZD1}\angle0°$、$U_B=57.74$ V$\angle-120°$、$U_C=57.74$ V$\angle120°$,

$I_A=5$ A$\angle-80°$、$I_B=0.2$ A$\angle-120°$、$I_C=0.2$ A$\angle120°$,0.5 s。

接地距离Ⅰ段动作,跳A相;当 $U_A=1.05\cdot(1+K)\cdot Z_{ZD1}$ 时,距离Ⅰ段不动作;当 $U_{AB}=0.8\cdot(1+K)\cdot Z_{ZD1}$ 时,测量动作时间大约为 20 ms。相间距离Ⅱ、Ⅲ段保护参照上述方法校验,加故障量的时间应大于保护定值时间。

④接地距离保护也可用继电保护测试仪的阻抗定值校验菜单中的"阻抗定值校验"进行校验;坐标 R-X,零序补偿系数一般为 0.67,负荷电流为 0;添加菜单里阻抗角整定阻抗定值及动作时间,整定倍数选 0.95 动作、1.05 不动作;阻抗角为 80°。如图 1-17 和图 1-18 所示。PT 安装位置在母线侧,CT 指向线路,最大故障时间必须大于保护定值时间。

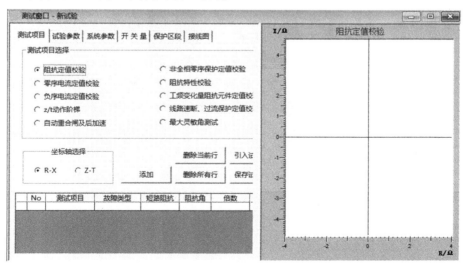

图 1-17　接地距离保护阻抗定值校验菜单 1

图 1-18 接地距离保护阻抗定值校验菜单 2

1.6.4 零序电流保护

PCS-931 设置了两个带延时段的零序方向过流保护,不设置速跳的Ⅰ段零序过流。Ⅱ段零序受零序正方向元件控制。

①保护定值中"零序电流保护"控制字置 1,"零序过流Ⅲ段经方向"控制字置 1。

②加正常运行状态电压和电流,等保护 PT 断线报警复归。

③加故障电压 30 V,故障电流 $I_0 = m \cdot I_{0ⅡZD}$($I_{0ⅡZD}$ 为零序Ⅱ段定值),模拟单相正方向故障(非故障相电流为 0),故障时间大于零序过流Ⅱ段整定时间。当 $m = 1.05$ 时,保护动作,装置面板上相应灯亮,液晶上显示"零序过流Ⅱ段动作";当 $m = 0.95$ 时,零序过流保护Ⅱ段不动作;当 $m = 1.2$ 时,测零序过流保护Ⅱ段的动作时间。

用状态序列:

故障前:$U_A = 57.74 \text{ V} \angle 0°$、$U_B = 57.74 \text{ V} \angle -120°$、$U_C = 57.74 \text{ V} \angle 120°$,

$\quad\quad I_A = 0.2 \text{ A} \angle 0°$、$I_B = 0.2 \text{ A} \angle -120°$、$I_C = 0.2 \text{ A} \angle 120°$,15 s;

故障:$U_A = 30 \text{ V} \angle 0°$、$U_B = 57.74 \text{ V} \angle -120°$、$U_C = 57.74 \text{ V} \angle 120°$,

$\quad\quad I_A = 1.05 \cdot 3I_0 \angle 0°$、$I_B = 0 \text{ A} \angle -120°$、$I_C = 0 \text{ A} \angle 120°$。

校验零序过流Ⅲ段保护时参照上面方法,注意加故障量的时间应大于零序过流Ⅲ段的整定时间。

④零序电流保护也可用继电保护测试仪的线路保护定值校验菜单中的"零序电流定值校验"进行校验;坐标 R-X,零序补偿系数一般为 0.67,负荷电流为 0,添加菜单里零序定值整定零序定值及动作时间,整定倍数选 0.95 不动作、1.05 动作。阻抗角为 90°。如图 1-19 和图 1-20 所示。PT 安装位置在母线侧,CT 指向线路,最大故障时间必须大于保护定值时间。

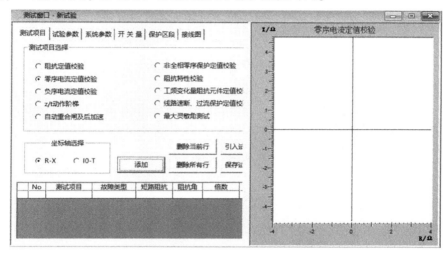

图 1-19 零序电流保护定值校验菜单 1

图 1-20 零序电流保护定值校验菜单 2

1.6.5 工频变化量距离保护

有关工频变化量距离保护的试验公式如下：

相间故障：

$$U_{AB} = 2I_{AB} \cdot Z_{ZD} + 100 \cdot (1 - 1.05m) \tag{1-20}$$

接地故障：

$$U_A = (1+K)I_A \cdot Z_{ZD} + 57.735 \cdot (1 - 1.05m) \tag{1-21}$$

当 $m = 0.9$ 时，加对应的故障量保护不动作；当 $m = 1.4$ 时，加对应的故障量保护动作。

可以总结动作方程如下：

相间故障：

$$U_{AB}/2I_{AB} < Z_{ZD} \tag{1-22}$$

接地故障：

$$U_A/(1+K)I_A < Z_{ZD} \tag{1-23}$$

校验参照 1.6.2、1.6.3 进行。

1.6.6 零序反时限过流保护

零序反时限的动作方程[6]：

$$t(3I_0) = \frac{0.14}{\left(\dfrac{3I_0}{I_p}\right)^{0.02} - 1} T_p \tag{1-24}$$

式中，I_p 为电流基准值，对应"零序反时限过流定值"，A；T_p 为时间常数，对应"零序反时限时间"定值，s。零序电流反时限保护动作三跳并闭锁重合闸，CT 断线后，闭锁零序反时限保护。选取 $3I_0$ 数值，计算零序反时限电流的动作时间，电流菜单加量校验，CT 断线后，闭锁零序反时限保护。

1.6.7 交流电压断线

当三相电压向量和大于 8 V 时，保护不启动，延时 1.25 s 发 PT 断线异常信号。当三相电压向量和小于 8 V，但正序电压小于 33.3 V 时，若采用母线 PT，则延时 1.25 s 发 PT 断线异常信号；若采用线路 PT，则当任一相有流元件动作或 TWJ 不动作时，延时 1.25 s 发 PT 断线异常信号。

PT 断线信号动作的同时,退出距离保护和工频变化量阻抗,将零序过流保护Ⅱ段退出,Ⅲ段不经方向元件控制。三相电压正常后,经 2 s 延时 PT 断线信号复归。

当三相电压向量和三次谐波大于 20 V 时,保护不启动,延时 10 s 发 PT 中性线断线异常信号。当三相电压正常后,经 10 s 延时 PT 中性线断线信号复归。

1.7　D 公司 WXH-802D 高频闭锁距离保护

1.7.1　高频保护

高频保护与光纤纵差保护的主要不同点在于它们的纵联方式不同,前者采用高频载波通道简单传输闭锁信号,后者利用专用或复用光纤通道传输数据量。高频保护的逻辑如下:

①保护启动时,启动收发讯机发信,弱馈端由对侧发信启动远方启信回路启动发信。

② 反方向元件动作时,立即闭锁正方向元件的停信回路。

③收信 8 ms 后,正方向元件投入,反方向元件不动作,经判断 150 ms 后停信。

④本侧三跳,或三相跳位且无流时,立即停信 250 ms。

⑤区内故障时,正方向元件动作,反方向元件不动作,两侧均停信,保护 7～8 ms 收不到闭锁信号,出口跳闸。

⑥弱馈投入时,收信 8 ms 后,正反方向元件都不动作且有一相或相间低电压,保护延时 10 ms 停信。

(1) 纵联距离保护

确保三跳位置停信后没有开入,投入高频保护硬压板及 JLTR 软压板。用整组菜单,选相间或接地故障,按照下面的纵联距离保护动作方程图(图 1-21)模拟故障,应符合保护逻辑。

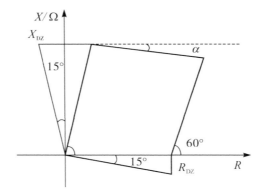

图 1-21　纵联距离保护动作方程图 1

（2）纵联零序保护

定值中的零序停信门槛就是零序纵联保护的定值,设定好后,投入 LXTR 软压板,用整组菜单校验动作方程:

$$-190° < \arg(3U_0/3I_0) < -30° \tag{1-25}$$

如图 1-22 所示,为纵联零序保护方向元件的动作特性图。

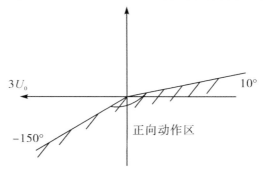

图 1-22　纵联零序保护方向元件的动作特性图 1

（3）通道闭锁试验

选用一组在前两步校验时保护能可靠动作的数据,再次使保护正确动作,然后两人配合,在手动发信的同时进入故障状态,保护应不动作出口。

（4）弱馈逻辑校验

模拟条件:RKHS 控制字投入,高频保护硬压板、软压板投入。

先手动发信,后立即加三相不平衡电压(57 V∠0°、57 V∠−120°、10 V∠120°)。

保护报文:弱馈停信。

1.8 B公司 PSL-602GA 高频闭锁距离保护

1.8.1 高频保护

高频保护的逻辑如下:

①保护启动时,启动收发讯机发信,弱馈端由对侧发信启动远方启信回路启动发信。

②反方向元件动作时,立即闭锁正方向元件的停信回路。

③收信5 ms后,正方向元件动作,反方向元件不动作,且三相合位,保护停信。

④保护动作跳闸信号停信120 ms,保证对侧保护有可靠的动作时间。

(1)纵联距离保护

确保三跳位置停信没有开入后,投入高频保护硬压板。本保护的相间距离和接地距离特性根据说明书应该是一样的,但实际上有很大区别。如图1-23所示,是说明书描述的方程图,实际只和接地距离动作情况相符。设"纵联距离阻抗定值"为10 Ω,"纵联距离电阻定值"为10 Ω,"线路正序阻抗角"为80°。

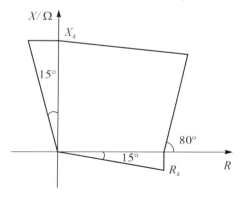

图1-23 纵联距离保护动作方程图2

用整组菜单,选择单相故障得到如下数据:

10.0,15.0,10.0,9.9,10.0,10.1,不动

相间距离的动作特性十分奇怪,用整组菜单,选择相间故障得到如表 1-10 所列数据。

表 1-10　相间故障时阻抗角与对应动作值的关系

阻抗角	动作值/Ω	阻抗角	动作值/Ω
$-20°$	31.0	100°	37.4
$-10°$	37.2	119°	37.2
0°	37.6	150°	30.0
40°	37.6	180°	32.0
80°	37.4	$-30° \sim -150°$	20.0

(2)纵联零序保护

零序方向元件的动作方程:

$$- 175° < \arg(3U_0/3I_0) < 325° \tag{1-26}$$

实际动作特性如图 1-24 所示。

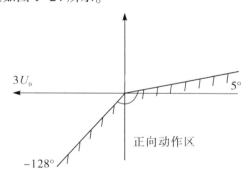

图 1-24　纵联零序保护方向元件的动作特性图 2

(3)通道闭锁试验

选用一组在前两步校验时保护能可靠动作的数据再次使保护正确动作,然后手动长发信,进入故障状态,保护应不动作。

1.8.2 距离保护

为了增强参数的可比性,我们在进行距离各段试验的过程中将定值都设为一样的,阻抗定值为 10 Ω,电阻定值为 10 Ω。

距离 Ⅰ、Ⅱ 段的动作特性如图 1-25 所示。相间距离和接地距离的特性有所不同:相间距离 Ⅰ、Ⅱ 段的电阻分量为距离保护电阻定值的一半[4-5]。

测得一组数据如表 1-11 所列。

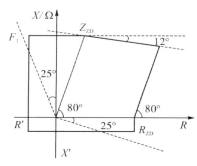
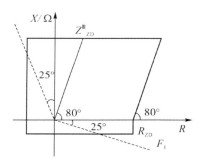

（a）距离 Ⅰ、Ⅱ 段 　　　　　　　（b）距离 Ⅲ 段

图 1-25　距离保护动作方程图

表 1-11　距离 Ⅰ、Ⅱ 段的动作特性测量数据

阻抗角	相间/Ω	接地/Ω
0°	4.95	10.00
40°	7.60	12.63
80°	9.90	9.90
90°	9.80	9.80
100°	9.90	9.90

距离 Ⅲ 段的动作图形校验与距离 Ⅰ、Ⅱ 段的区别是四边形的上沿没有向下偏移的 12°。其与 Ⅰ、Ⅱ 段的区别在 40° 时可以看出,如表 1-12 所列。

表 1-12　距离 Ⅲ 段的动作特性测量数据

阻抗角	相间/Ω	接地/Ω
0°	9.90	9.90
40°	15.20	15.20

续表

阻抗角	相间/Ω	接地/Ω
80°	9.90	9.90
90°	9.80	9.80
100°	9.90	9.90

1.8.3 零序电流保护

(1) 不灵敏段

当零序Ⅰ、Ⅱ段在控制字中设为不灵敏段时,全相运行时零序Ⅰ、Ⅱ段区内故障不动作。在验证这个逻辑时,投零序Ⅰ、Ⅱ段压板、零序总压板,加零序Ⅰ段故障。实际是零序Ⅲ段动作。当零序Ⅰ、Ⅱ段在控制字中设为灵敏段时,零序Ⅰ、Ⅱ段在区内故障时动作。此时,若非全相,则零序Ⅰ、Ⅱ段退出。验证时开入两侧同一相的TWJ,模拟零序Ⅰ、Ⅱ段区内故障,保护不动作。

(2) 方向特性

零序方向元件的动作方程[5-6]:

$$175° < \arg(3U_0/3I_0) < 325° \tag{1-27}$$

实际就等价于$3U_0$超前于$3I_0$的范围为175°~325°。按照前面介绍的理解方法,对应画出来的方向特性图如图1-26所示。这里将思路再重复一遍:在整组菜单中选择单相接地故障,故障阻抗角的值取反就是零序电流的角度,而零序电压的角度可以始终视为180°。

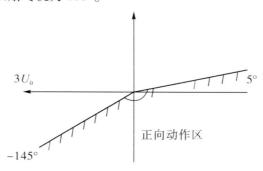

图1-26 纵联零序保护的方向动作特性图3

实际动作特性和图 1-26 所示的相符。

(3) PT 断线零序方向

"PT 断线零序方向投",PT 断线时零序保护退出;

"PT 断线零序方向退",PT 断线时零序保护变为纯过流。

1.8.4 PT 断线过流

PT 断线过流分为 PT 断线零序过流和 PT 断线相过流。与其他型号保护的区别在于本保护中这两个功能不经过任何压板,但在控制字中可"投退"选择。模拟方法同 CSC-103A 保护 TV 断线过流的相应项目。

1.9 A 公司 GXH163A-114/1T 光纤纵差线路保护

本装置是针对 110 kV 线路而设计的,其中有一些特殊的配置往往在模拟过程中比较扰人,在这里我们示例介绍。

1.9.1 距离保护相关的几个功能

设定相关定值如下:

$X_1 = 2\ \Omega, T_1 = 0\ \text{s}$;

$X_2 = 4\ \Omega, T_2 = 0.5\ \text{s}$;

$X_3 = 6\ \Omega, T_3 = 1\ \text{s}$;

$I_{QD} = 0.2\ \text{A}, T_{CH} = 0.5\ \text{s}_\circ$

(1) 零序辅助元件启动

零序辅助元件启动时保护的动作时间要长一些,通过两组数据分别试验就可以看出。

由零序辅助元件启动:

$$\begin{cases} Z = 1.9 \angle 90° (<X_{D1}) \\ I_A = 0.18 (<I_{QD}) \end{cases} \tag{1-28}$$

保护动作时间 $t = 99\ \text{ms}_\circ$

由电流突变启动:

$$\begin{cases} Z = 1.9 \angle 90° \, (<X_{d1}) \\ I_A = 0.22 \, (>I_{QD}) \end{cases} \quad (1-29)$$

保护动作时间 $t = 24$ ms。

（2）双回线相继速动

①双侧电源逻辑。

模拟条件：退出双回线负荷端控制字，投距离保护压板，引回相邻线加速信号的开入节点待用。设定故障：$Z = 3.5 \, \Omega \angle 90° \, (<X_{d2})$，$I_A = 0.22 \, A \, (>I_{QD})$。加故障后，立即短接所引接点，保护动作。报文：252 ms（$<T_{\text{II}} = 500$ ms），双回线相继速动出口。

②单电源侧逻辑。

模拟条件：投入双回线负荷端控制字，投距离保护压板，引回相邻线加速信号的开入节点待用。设定故障：$Z = 3.5 \, \Omega \angle 90° \, (<X_{d2})$，50 ms 后转换为 $Z = 3.325 \, \Omega \angle 90°$，$I_A = 1 \, A$。加故障后，立即短接所引接点，保护动作。报文：110 ms（$<T_{\text{II}} = 500$ ms），双回线相继速动出口。

③双侧电源时向相邻线保护发加速信号逻辑。

模拟条件：退出双回线负荷端控制字，投距离保护压板。加故障：$Z = 6 \, \Omega \angle 90°$，$I_A = 0.3 \, A$。故障延时 200 ms，监测加速信号动作的接点，应有闭合过程。

（3）不对称相继速动

在电流电压菜单下输入以下电流电压量，实际等效于 II 段区内的故障：$U_A = 1.75 \, V \angle 0°$，$U_B = 57 \, V \angle -120°$，$U_C = 57 \, V \angle 120°$，$I_A = 0.3 \, A \angle -90°$。相当于 $Z = 3.5 \, \Omega \angle 90°$，$I_A = 0.3 \, A$。另外加 $I_B = 0.2 \, A > 0.16 \cdot I_n$。开始加量后立即降 I_B 到零，保护动作。

报文：241 ms（$<T_{\text{II}} = 500$ ms），不对称相继速动出口。

（4）电抗相近加速

模拟条件：投入不经振荡闭锁的"重合后瞬时加速距离 II 段""电抗相近加速"控制字。引回三跳出口接点到继电保护测试仪开入 B，用于切除故障；引回重合出口接点到继电保护测试仪开入 R，用于重合故障。在整组菜单里选永久性故障，故障延时 2 s。加量：$Z = 3.5 \, \Omega \angle 90°$，$I_A = 0.3 \, A$。

报文:

4 ms,启动;

506 ms,距离Ⅱ段出口;

1033 ms,重合出口;

1101 ms,X 相近加速出口;

1101 ms,Ⅱ段瞬时加速出口。

(5)重合后1.5 s加速距离Ⅲ段

模拟条件:投入"重合后 1.5 s 加速距离Ⅲ段"控制字,退出"重合后加速距离Ⅲ段"控制字。设Ⅲ段时间定值 $T_3 = 2$ s。引回三跳出口接点到继电保护测试仪开入 B,用于切除故障;引回重合出口接点到继电保护测试仪开入 R,用于重合故障。在整组菜单里选永久性故障,故障延时 5 s。加量: $Z = 5.5$ Ω $\angle 90°$, $I_A = 0.3$ A。

报文:

2 ms,启动;

2007 ms,距离Ⅲ段出口;

2535 ms,重合出口;

4087 ms,1.5 s 加速距离Ⅲ段出口。

(6)重合后加速距离Ⅲ段

模拟条件:投入"重合后加速距离Ⅲ段"控制字。引回三跳出口接点到继电保护测试仪开入 B,用于切除故障;引回重合出口接点到继电保护测试仪开入 R,用于重合故障。在整组菜单里选永久性故障,故障延时 2 s。加量: $Z = 5.5$ Ω $\angle 90°$, $I_{AB} = 0.3$ A。

报文:

4 ms,启动;

1006 ms,相间距离Ⅲ段出口;

1536 ms,重合出口;

1611 ms,加速距离Ⅲ段出口。

(7)手合加速

①模拟条件:开关在跳位>30 s。

加故障:$Z = 3.5\ \Omega \angle 90°$（$< X_{d2}$），$I_A = 0.22\ A$（$> I_{QD}$）。保护动作。报文：19 ms，手合阻抗加速出口。

加故障:$Z = 5.5\ \Omega \angle 90°$（$< X_{d3}$），$I_A = 0.22\ A$（$> I_{QD}$）。保护动作。报文：29 ms，手合阻抗加速出口。

②谐波延时 200 ms 逻辑。

谐波菜单下加量:$U_A = 2.751\ V \angle 0°$，$U_B = 57\ V \angle -120°$，$U_C = 57\ V \angle 120°$，$I_1 = 0.3\ A \angle -90°$，$I_{1谐} = 26\%$。相当于 $Z = 5.5\ \Omega \angle 90°$，$I_A = 0.3\ A$。

报文:2 ms，启动；207 ms，手合阻抗加速出口。

1.9.2 失灵保护

对于 110 kV 线路保护，保护的失灵功能一般都要实际用到，不同于 330 kV 那样断路器专门有辅助保护提供失灵的功能，其失灵接点和保护动作接点都由本身这一套装置来实现。设失灵电流定值 $I_{SL} = 0.3\ A$，用整组菜单选零序故障，不引返回接点，投相应压板，监测失灵出口接点。加故障后，失灵保护先动作，故障延时后零序保护动作，这时候失灵出口接点才通。

1.9.3 重合闸检同期重合

现在 A 公司和 B 公司的保护，对于检同期重合都已经设计得十分灵活：保护装置本身具有记忆正常运行时检同期电压相别状态的功能。比如母线电压采三相，线路电压采 A 相，装置中并不需要设定同期电压相别，一旦故障后要重合，装置就会自动以故障前 U_x 通道的 A 相电压角度为基准进行检同期。所以，在模拟这种装置的检同期重合时，要选用状态序列菜单。

状态 1:负荷状态。加三相对称电压；U_x 输出到装置线路电压通道，并设定一定的大小及角度，比如角度同 U_A；结束方式为时间控制，设为 5 s。

状态 2:任意一种无延时保护的区内故障，目的是让保护快速动作出口。设置为距离Ⅰ段区内故障。结束方式为时间控制，延时保证保护可靠动作，设为 0.1 s。

状态 3:空载状态。加三相对称电压；$U_x = 0\ V$；结束方式为时间控制，延时保证重合闸能可靠出口。重合闸延时定值为 0.6 s，则设此状态延时 0.8 s。

状态 4:负荷状态。调整 U_x 的大小及角度，验证各重合参数。加三相对称电压；U_x 调整为想要验证的角度和大小；结束方式为时间控制，设为 1 s。

开始试验。当状态 4 中 U_x 的角度与状态 1 中 U_x 的角度差异小于同期角度定值时,应该能重合成功;当状态 4 中 U_X 的角度与状态 1 中 U_X 的角度差异大于同期角度定值时,应判为不同期,重合不成功。

1.10 C 公司 RCS-943 光纤纵差线路保护

RCS-943 是针对 110 kV 线路设计的保护及操作装置,相关的差动、零序、距离等功能可以参考 A 公司 GXH163A-114/1T 的调试方法。这里只对有区别的几点加以说明。

1.10.1 双回线相继速动

如图 1-27 所示,本保护安装于 1、3 处,L_1 末端故障,短路初期,保护 1、3 的 Ⅲ 段距离元件均动作,输出 FXL 接点闭锁另一回线 Ⅱ 段距离相继速动保护,其后,保护 2 的 Ⅰ 段跳开故障,保护 3 的距离继电器返回,FXL 接点返回,保护 1 收不到 FXL 信号,同时 Ⅱ 段距离继电器不返回,经 80 ms 延时相继速动出口。

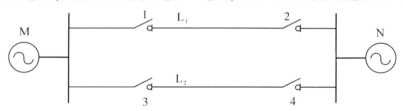

图 1-27 双回线相继速动保护动作示意图

采用状态序列菜单进行试验。

状态 1:空载,加正常电压;开出 1 断开,即 FXL = 0,延时为零;状态延时 10 s。

状态 2:A、B 相间故障,距离 Ⅱ 段内故障;开出 1 闭合,即 FXL = 1,延时为零;状态延时 0.1 s(小于 Ⅱ 段延时定值)。

状态 3:模拟量同状态 2;开出 1 断开,即 FXL = 0,延时为零;延时 0.1 s(大于 80 ms 固定延时)。

状态 4:结束态,不加任何模拟量。

1.10.2 不对称相继速动

不对称故障时,利用近故障侧开关跳开后负荷电流消失这一特征,快速跳开远故障侧开关。如图 1-28 所示,当线路末端不对称故障时,N 侧 Ⅰ 段动作快速跳开三相,M 侧检测到任一相负荷电流突然消失,而 Ⅱ 段距离元件连续动作不返回时,经 30 ms 延时跳开三相,切除故障。

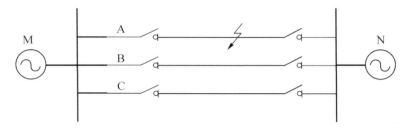

图 1-28　不对称相继速动保护动作示意图

采用状态序列菜单进行试验。

状态 1:空载,加正常电压;状态延时 10 s。

状态 2:先选择 A 相接地故障,距离 Ⅱ 段范围内,然后再给三相电流值各增加 0.3 A(在任意状态中才能进行设置);状态延时 0.1 s(小于 Ⅱ 段延时定值)。

状态 3:模拟量在状态 2 的基础上改 B、C 相电流为 0 A;延时 0.1 s(大于 30 ms 固定延时)。

状态 4:结束态,不加任何模拟量。

1.10.3　零序过流加速段

这套保护在这个项目中还有些细节,那就是零序电压对加速段的动作延时有影响:当 $3U_0 > 0.8 U_n$ 时,延时 100 ms;当 $3U_0 < 0.8 U_n$ 时,延时 200 ms。

对于 57.7 V 的额定电压来说,要使 $3U_0 > 0.8 U_n$,只需要故障相电压小于 46.16 V 即可。断路器置分位。在整组菜单中选择单相接地故障,设定故障电流值满足零序加速段电流定值,调整短路阻抗,使故障相故障电压为 45 V 以下,开始试验,动作时间应为 120 ms 左右;使故障相故障电压在 47 V 以上,动作时间应为 220 ms 左右。

1.11　B 公司 PSL621D 光纤纵差线路保护

PSL621D 是针对 110 kV 线路设计的保护及操作装置,相关的差动、零序、距离等功能可以参考 A 公司 GXH163A-114/1T 的调试方法。下面示例说明其特有的低周减载、低压减载功能。

1.11.1　低周减载

(1)设定值

低周减载频率:49 Hz。

低周减载时间:1.5 s。

低周减载闭锁滑差:1 Hz/s。

低周减载闭锁电压:30 V(相电压)。

(2)模拟过程

投低周减载硬压板;进入仪器频率/滑差功能菜单;测试项目栏中选择测试项目为动作值,选择变量为频率;在动作值栏中设置。

复归值:50 Hz。

复归时间:1 s。

滑差 d/dt:0.8 Hz/s(小于低周减载闭锁滑差定值:1 Hz/s)。

搜索起点:49.5 Hz(大于低周减载频率定值:49 Hz);终点:48.9 Hz(略小于低周减载频率定值:49 Hz)。

步长:0.1 Hz。

等待时间:1.7 s(大于低周减载时间:1.5 s)。

当前电流电压:三相对称电压 57.735 V(大于低周减载闭锁电压:30 V)。

任一相电流 0.12 A(大于低周减载闭锁电流:0.1 倍额定电流)。

按键开始试验。

1.11.2　低压减载

(1)设定值

低压减载电压:50 V(相电压)。

低压减载时间:1.5 s。

闭锁电压变化率:10 V/s(相电压)。

(2)模拟过程

投低压减载硬压板;进入仪器频率/滑差功能菜单;测试项目栏中选择测试项目为动作值,选择变量为相电压;在动作值栏中设置。

复归值:57 V。

复归时间:1 s。

滑差 d/dt:5 V/s(小于闭锁电压变化率定值:10 V/s)。

搜索起点:52 V(大于低压减载电压定值:50 V);终点:49.9 V(略小于低压减载电压定值:50 V)。

步长:0.5 V。

等待时间:1.7 s(大于低压减载时间:1.5 s)。

当前电流电压:任一相电流 0.12 A(大于低压减载闭锁电流:0.1 倍额定电流),频率 50 Hz。

按键开始试验。

1.12 E 公司 MCD-H2 线路光纤电流差动保护

本保护装置的定值修改密码为 BAAAAAAA。另外,本保护判断断路器位置时采用断路器开接点。试验前应将两侧断路器置于合位或短接其开入。

1.12.1 PCM 电流差动元件

MCD-H2 的电流差动元件 87 s 的动作特性如图 1-29 所示。

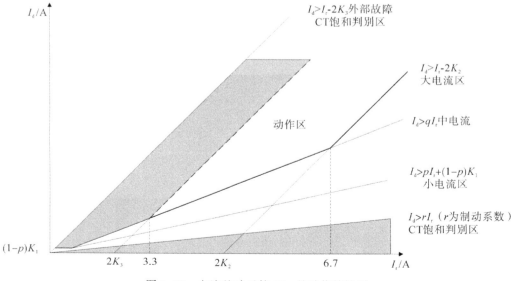

图 1-29 电流差动元件 87 s 的动作特性图

$$I_d = |\sum I| = |I_A + I_B|, I_r = \sum |I| = |I_A| + |I_B| \qquad (1-30)$$

式中，I_A、I_B分别为线路 A、B 两侧的相电流，A。与之相关的关键定值如下设置：$87SK_1 = 20\%$，$87SK_2 = 200\%$，$87SK_3 = 100\%$，$87S_p = 0.3$，$87S_q = 0.4$，$87S_r = 0.2$。

其他定值可根据说明书适当整定。然后在两套保护装置互环的情况下，进行图中所示特性的验证。注意：本保护电流定值按额定电流的百分比设定和显示。

（1）小电流区

小电流区的动作方程为

$$I_d > pI_r + (1-p)K_1 \qquad (1-31)$$

把各定值代入方程中即为

$$I_d > 0.3I_r + (1-0.3) \cdot 0.2 \qquad (1-32)$$

按单侧加电流考虑，将 $I_d = I_r$ 代入上式即为 $0.7I_d > 0.14$，求得动作门槛为 $I_d > 0.2$。由于小电流区这一段动作特性很短，因此斜率 K_1 在这里没有进一步验证。

（2）中电流区

以下验证中均考虑两套装置通道互联，分别在两套保护同一相上加电流，电流方向相反，大小根据各步计算对应输入。

由

$$I_d = |\sum I| = |I_A + I_B|, I_r = \sum |I| = |I_A| + |I_B| \qquad (1-33)$$

可以推得

$$I_A = (I_d + I_r)/2, I_B = (I_r - I_d)/2 \qquad (1-34)$$

中电流区的动作方程为 $I_d > qI_r$，示例中 $87S_q = 0.4$，可以根据方程计算出表 1-14 中的 3 组数据：

表 1-13 $87S_q = 0.4$ 时计算出的数值表 单位：A

I_r	$I_d = 0.4I_r$	$I_A = (I_d + I_r)/2$	$I_B = (I_r - I_d)/2$
1	0.4	0.7	0.3
4	1.6	2.8	1.2
5	2.0	3.5	1.5

(3)大电流区

大电流区的动作方程为

$$I_d > I_r - 2K_2 \tag{1-35}$$

示例中 $87SK_2 = 200\%$，可以根据方程计算出表 1-14 中的 3 组数据。

表 1-14　$87SK_2 = 200\%$时计算出的数值表　　　　单位:A

项目	I_r	$I_d = I_r - 2K_2$	$I_A = (I_d + I_r)/2$	$I_B = (I_r - I_d)/2$
拐点	6.67	2.67	4.67	2.00
拐点	7.00	3.00	5.00	2.00
拐点	8.00	4.00	6.00	2.00

(4)外部故障 CT 饱和时的比率差动特性

本装置在测量到 $\Delta I_r > 150\% I_n$ 时，连续测量小差动电流区（$I_d < rI_r$）至少 5 ms，就判断为区外故障，并自动将大电流区系数 K_2 换为 K_3。

示例中 $87SK_3 = 100\%$，可以根据方程计算出表 1-15 中的 3 组数据。

表 1-15　$87SK_3 = 100\%$时计算出的数值表　　　　单位:A

项目	I_r	$I_d = I_r - 2K_3$	$I_A = (I_d + I_r)/2$	$I_B = (I_d - I_r)/2$
拐点	3.33	1.33	2.33	1.00
拐点	3.80	1.80	2.80	1.00
拐点	4.00	2.00	3.00	1.00

对比表 1-15 和表 1-14 中的数据，可以看出 K_2 换为 K_3 后对动作特性的影响。这里通过这两组数据的对比来观察 CT 饱和的判断逻辑。

为满足 CT 饱和的判别条件 $I_d < rI_r$，即 $I_d < 0.2I_r$，且 $\Delta I_r > 150\% I_n$，这里取 $I_d = 0.2$ A，$I_r = 2$ A，可以推得 $I_A = 1.1$ A，$I_B = 0.9$ A。

用状态序列菜单进行如下 3 步的试验。

①第一步。

状态 1:空载。

状态 2:$I_B = 0.9$ A，$I_A = 1.1$ A，状态持续时间 $t = 0.01$ s（0.006 s 也可以）。

状态 3:$I_B = 1.15$ A，$I_A = 2.8$ A，状态持续时间 $t = 0.05$ s。

试验结果:保护不动作。

②第二步。

状态 1:空载。

状态 2:$I_B = 0.9$ A,$I_A = 1.1$ A,状态持续时间 $t = 0.01$ s。

状态 3:$I_B = 0.9$ A,$I_A = 2.8$ A,状态持续时间 $t = 0.05$ s。

试验结果:保护动作。

③第三步。

状态 1:空载。

状态 2:$I_B = 0.9$ A,$I_A = 1.1$ A,状态持续时间 $t = 0.004$ s。

状态 3:$I_B = 0.9$ A,$I_A = 2.8$ A,状态持续时间 $t = 0.050$ s。

试验结果:保护动作。

第一步和第三步的对比验证了小差动电流区($I_d < rI_r$)至少有 5 ms 对大电流区系数的影响。可以通过调整状态 2 的持续时间来加以验证。

第一步和第二步的对比验证了大电流区系数变化后动作特性的变化。系数变化前 I_B 约为 1.15 A,变化后约为 0.9 A。

(5)CT 开路闭锁差动

当装置测量到相电流小于 8%的额定电流且有 I_0 时,判断该相断线。当装置测量到 CT 二次开路后,闭锁开路相的差动元件。本保护 CT 开路没有面板指示,仅报警接点闭合。电流恢复后,按面板复归按钮后报警接点才能返回。

详细逻辑图参见说明书,这里只列出试验方法。将两套装置互联,两侧 CTF 控制字均投 ON。两侧加三相对称电流 0.2 A,断掉一相后,两侧 CT 开路报警接点均闭合,如果用厂家调试软件,就能看到 CTF 均动作。下面分别模拟 CT 开路和不开路时的情况,观察其对差动元件的闭锁。仍用状态序列菜单,进行如下两步的试验。

①第一步。

状态 1:两侧加三相对称电流 0.2 A,状态持续时间 $t = 3$ s。

状态 2:设本侧 A 相电流为 0 A,其他同状态 1,$t = 3$ s。

状态 3:设对侧 A 相电流为 1 A,其他同状态 2,$t = 0.1$ s。

试验结果:保护不动作。

②第二步。

状态 1:两侧加三相对称电流 0.2 A,状态持续时间 $t = 3$ s。

状态 2:设本侧 A 相电流为 0 A,其他同状态 1,$t = 0$ s。

状态 3:设对侧 A 相电流为 1 A,其他同状态 2,$t = 0.1$ s。

试验结果:保护动作。

在第二步中,实际状态 2 相当于不存在,即不让 CT 开路发生。经过对比,可见 CT 开路闭锁差动有效。经过进一步验证,在本侧断线、对侧不断线的情况下,只要有一侧 CTF 控制字投 ON,闭锁都有效。只有当两侧 CTF 控制字均投 OFF 时,CT 开路才不闭锁差动。

(6)定值 51D 及 FD 对差动保护的影响

51D 为差动电流启动元件,FD 为故障启动元件。FD 定值中 OC 选项为电流启动,UV 选项为电压启动。这两个定值在单侧加电流模拟差动时对差动的动作情况有很大影响。经过试验后总结如下。试验过程中始终只在单侧加能够可靠动作的单相故障电流,前四步两侧均不加电压。

①两侧均设 FD = OCUV,51D = OFF,加故障后两侧均单跳,无流侧 EF 灯不亮。

②两侧均设 FD = OCUV,无流侧 51D = ON,加故障后无流侧不动作。

③无流侧 FD = UV,且 51D = OFF,加故障后两侧均单跳,无流侧 EF 灯不亮。

④无流侧 FD = OC,且 51D = OFF,加故障后无流侧不动作。

⑤无流侧 FD = UV,且 51D = OFF,并预加三相正常电压,加故障后无流侧不动作。

注:在不同配屏方式下 EF 灯略有不同,在设有"闭锁后备保护"压板的情况下,EF 灯与该压板的投退有关。

当 FD = OFF 时,所有保护能正常动作,但不出口。

(7)死区故障保护

双母接线中,若故障发生在 CT 和断路器之间,则母线保护动作跳开本侧断路器,但故障仍未切除,因为故障对于差动保护来说属于区外。此时要靠死区保护来切除故障。和死区保护相关的定值为 STLTX 和 STLR1 两项。

说明书上的解释不再重复。相反,有人提出的下面一种思路倒是便于理解和记忆。以 STLTX 为死区故障信号发送端,STLR1 为死区故障信号接收端,A 侧发生死区故障,若其 STLTX = ON,则把信号发往 B 侧;若 B 侧 STLR1 = ON,则三相跳闸。

(8) CT 变比系数 CTM 和差动电流的关系

本 CT 变比系数 CTM 的整定原则和国产保护一致,仍将变比大的一侧的 CTM 整定为 1,将变比小的一侧的 CTM 整定为其变比和大侧变比的比值[5-7]。例如,本侧 CT 变比为 1500/1,对侧位 CT 变比为 750/1,则本侧 CTM = 1,对侧 CTM = 0.5。但是值得注意的是,在 CTM 不同的情况下,本装置两侧显示的差动电流相同,如表 1-17 所列。这一点与国产保护不同。

表 1-17 CTM 和差动电流的关系

项目	CTM	本侧电流/A	对侧电流/A	差动电流/A
本侧	1.0	0.6	0.5	1.1
对侧	0.5	1.0	0.6	1.1

相当于各侧把实加电流乘以本侧变比系数 CTM 后送到对侧,各侧将其送到对侧的值与收到对侧的值的矢量和为差动电流值。

1.12.2 距离保护

距离保护需要注意:当 ZG 单元的定值 KN、KM 整定为 3 时,相当于阻抗补偿系数为 0.667。

(1)接地距离 III 段

接地距离 III 段的补偿系数装置默认为 0,所以在试验时应将试验仪器内的补偿系数也设为 0 才能准确验证其动作定值(由于补偿系数不同,因此 III 段和 II 段的动作区可能重叠,为验证准确,应该将这两段的定值差别拉大)。

(2)VTF

断路器合位,三相无压,VT 断线报警,告警接点通。当 VTF 控制字投 ON 时,VT 断线闭锁距离保护。分两步对这一功能进行验证:

①第一步。

状态 1:加三相正常电压,状态持续时间 $t = 3$ s。

状态 2:C 相电压降为 0,其他同状态 1,$t = 3$ s。

状态 3:A 相区内接地故障,t 大于故障动作时间。

试验结果:保护不动作。

②第二步。

状态 1:加三相正常电压,状态持续时间 $t=3$ s。

状态 2:A 相区内接地故障,t 大于故障动作时间。

试验结果:保护动作。

1.12.3 关于 soft(距离加速)

本保护设有距离加速功能,手合、重合都能启动。分两步对这一功能进行验证。

(1)手合启动

条件:开关分位 20 s 以上。

故障:直接用整组菜单输出 Z_2 范围内的故障,注意故障电流一定要大于 OCH 定值。

无须手合开入。

(2)重合启动

状态 1:空载,5 s。

状态 2:Z_2 范围内的故障,1.5 s(超过 Z_2 时间定值)。

状态 3:空载,6.5 s(略大于重合闸延时定值)。

状态 4:Z_2 范围内的故障,0.45 s(小于 0.5 s),同时开入 RCM。

2 远跳装置

A 公司、B 公司、C 公司都有各自的远跳装置,但原理大同小异。其中 C 公司的 RCS-925A 型和 A 公司的 CSC-125A 型几乎完全一样,可以直接参考这里列出的 CSC-125A 型的调试方法。

2.1 A 公司 CSC-125A 型光纤远跳装置

2.1.1 过电压保护

过电压保护三取一方式控制字投入时,判单相电压,加单相电压超过定值,保护动作;三取一方式控制字退出时,判三相电压,加三相电压超过定值,保护动作。

过电压启动远跳判 TWJ 控制字投入时,若本侧开关合位,则过压不发信;若本侧开关跳位,则过压发信。

过电压启动远跳判 TWJ 控制字退出时,无论本侧开关在什么位置,过压都发信。

2.1.2 远方跳闸就地判别

将两套装置互环或单装置自环,引回断路器失灵开入接点。

校验以下每一个功能时,都要既加故障量,又短接断路器失灵开入接点,保护才能动作。另外,要准确测量保护动作时间,必须按故障和开入同时的原则。而且在故障前一定要施加不能使判据满足的正常量。失灵的开入用仪器的开出接点输出,与故障同步。另外,为了判断准确,宜每次只投一种功能。

所有项目都宜等待 TV 断线消失后再进入故障,并将电压元件三取一方式控制字投入。

(1)补偿过电压

补偿过电压和补偿欠电压的原始计算公式都很复杂,但将其中对试验影响不大的参数简化后如下。

动作方程为 $U_{OP} > U_{DG}$,其中 $U_{OP} = U - I \cdot Z_{ZD}$,$Z_{ZD}$ 为线路阻抗定值,同时要考虑线路正序灵敏角,此处设为 78°。设定值 $U_d = 70$ V,$Z_{ZD} = 5$ Ω,令 $I = 3$ A,则以下方式可以满足动作方程:

$$57 \text{ V} \angle 0° - 3 \text{ A} \angle 102° \cdot 5 \text{ Ω} \angle 78° = (57 + 15) \text{ V} \angle 0°$$

用整组菜单,故障选任意状态,故障参数为三相对称电压 57 V,A 相加电流 3 A∠102°。

注意:要等 TV 告警消失后再进入故障状态。

注:在 CSC-125A 的 V1.06 版中,没有线路阻抗定值和线路正序灵敏角。但有另外两个定值项目与之等价:线路补偿阻抗电阻分量、线路补偿阻抗电抗分量。

把幅值角度表示的矢量阻抗换算成电阻电抗分量表示的矢量阻抗代入就可以了。例如,此例中的 $Z_{ZD} = 5$ Ω∠78° 可以换算成:

线路补偿阻抗电阻分量 = 5 Ω cos 78° = 1.04 Ω

线路补偿阻抗电抗分量 = 5 Ω sin 78° = 4.89 Ω

(2)补偿欠电压

动作方程为 $U_{OP} < U_{DQ}$,U_{OP} 定义同前。设定值 $U_d = 47$ V,$Z_{ZD} = 5$ Ω,令 $I = 2.1$ A,则有以下方式可以满足动作方程:

$$57 \text{ V} \angle 0° - 2.1 \text{ A} \angle -78° \cdot 5 \text{ Ω} \angle 78° = (57 - 10.5) \text{ V} \angle 0° \tag{2-1}$$

用整组菜单,故障选任意状态,故障参数为三相对称电压 57 V,A 相加电流 2.1 A∠-78°。

(3)突变量相电流

设正常的故障前三相电流均为零,故障状态时单相故障电流超过突变量相电流定值。

(4)零序电流

故障状态加单相电流超定值。

(5)低电流

投控制字后不加量,点失灵开入。若要测量动作时间,则应先加正常状态,对称三相电流大于低电流定值,然后在故障状态时将电流降到定值以下。

(6)低功率因素

设定值为 75°,先加正常负荷状态电压,进入故障状态时将 A 相电流设为 $0.5\angle -76°$。TV 断线闭锁此项。

(7)低功率

$\text{PLD}_{A二次} = |U_A \cdot K_u \cdot I_A \cdot K_i \cdot \cos \varphi_A|$,定值设为 5 W。加三相 10 V 对称电压,三相 0.48 A 对称电流,$\cos \varphi$ 为 1,动作。三相电压均小于 8 V,或 TV 断线闭锁此项。

(8)零序过电压

故障状态加零序电压超过定值。

(9)TV 断线后转二取二

TV 断线后转二取二或转二取一,都是指转成无判据方式。退二取二无判据控制字,TWJ = 0。不加量,TV 断线。双通道都收信,保护动作。加正常电压,TV 断线恢复。双通道都收信,保护不动作。TV 断线转二取一同理。

2.2　C 公司 RCS-925A 型光纤远跳装置

2.2.1　远方跳闸就地判别

所有项目都宜等待 TV 断线消失后再进入故障。

2.2.2　补偿过电压、补偿欠电压

RCS-925A 中补偿过电压、补偿欠电压这两个项目和 CSC-125A 没有本质区别,模拟方法可以完全套用。而说明书上所采用的方法可以说有一定的欺骗

性,没有真实地模拟系统故障情况。需要注意的有下面几点。

并联电抗定值:6200 Ω;线路正序容抗:3100 Ω(实际也要求并联电抗定值是线路正序容抗的两倍);线路阻抗值:5 Ω;正序灵敏角:78°。

另外,投控制字时要注意投上电压三取一方式、电抗补偿投入。其他定值参照 CSC-125A 的同一项目。这两个项目有单独的动作延时,动作时间为其单独的延时定值加上二取一动作延时,所以故障模拟延时要足够长。TV 断线不闭锁补偿过电压。

2.2.3　电流变化量

本装置的这个项目公式比较复杂,有浮动门槛的概念,不能简单地认为突变超过定值就行。

2.3　B 公司 SSR530A 光纤远跳装置

本装置在面板设置上不是很直观,这里分别解释一下:

"跳闸"灯:保护动作出口灯。

"呼唤"灯:出现一些不影响保护运行的异常时红色常亮,异常消失后方可手动复归。

"异常1""异常2"灯:通道1、2告警灯。

"导频1""导频2"灯:通道1、2告警灯,相当于通道故障指示灯。

"跳频1""跳频2"灯:接受远方跳闸命令显示灯,相当于收信指示灯。

2.3.1　过电压保护

加单相电压超过定值时,保护动作。过压跳闸和过压发信都按"过压保护动作延时"定值动作出口。在满足电压定值的情况下,投"过压经跳位闭锁"时:若开关跳位,则过压及发信都不动作;若开关合位,则过压动作。在过压动作的情况下,投"发信经跳位闭锁"时:若开关跳位,则过压发信;若开关合位,则过压不发信。

2.3.2　远方跳闸就地判别

将两套装置互环或单装置自环,并设"通道 1 不带导频""通道 2 不带导频";引回断路器失灵开入接点到仪器开出。

校验以下每一个功能时,都要既加故障量,又短接断路器失灵开入接点,保护才能动作。另外,要准确测量保护动作时间,必须按故障和开入同时的原则。而且在故障前一定要施加不能使判据满足的正常量。失灵的开入用仪器的开出接点输出,与故障同步。另外,为了判断准确,宜每次只投一种功能[7-8]。

为了给大家提供另一种选择的途径,这里的项目全选用状态序列菜单。在菜单中设置 3 个状态:状态 1 为故障前状态,电压为三相对称 57.735 V,电流根据情况设置;并设置用于失灵开入的仪器开出接点为断开状态;状态延时 3～7 s。状态 2 为故障模拟状态,同时设置零延时闭合开出;状态延时 1 s。状态 3 仅为一个使开出接点返回的过程,电流、电压全部为零;状态延时 0.1 s。

(1) 低功率因数($Q<$)

本装置功率因数用小数表示,实际就是 $\cos\varphi$,根据 $\cos\varphi$ 算出 φ 值。如定值为 0.707,则 φ 值为 45°。

状态 1:三相对称负荷 0.5 A,$\cos\varphi=1$。

状态 2:A 相电流落后电压的角度设为 46°,即设 A 相电流为 $0.5\angle-46°$;其余量同状态 1。

(2) 低功率($P<$)

本装置低功率定值为单相功率一次值,计算公式如下[9]:

$$P_d = U_A \cdot K_u \cdot I_A \cdot K_i \cdot \cos\varphi_A \qquad (2-2)$$

式中,K_u 为 PT 变比,定值中"PT 变比原边参数"为线电压值,这里设为 330;K_i 为 CT 变比,定值中"CT 变比原边参数"在这里设为 1200,控制字中选 1 A 的 CT。P_d 定值设为 10 MW,则计算电流如下:

$$I_A = 10 \cdot 10^6 / (3300 \cdot 57.735 \cdot 1200) = 0.0437 \text{ A}$$

状态 1:三相对称负荷 0.5 A,$\cos\varphi=1$。

状态 2:A 相电流设为 $0.042\text{ A}\angle0°$;其余量同状态 1。

TV 断线闭锁此项。

(3) 电流突变量(dI)

状态 1:空载。

状态 2:A 相电流超过定值;其余量同状态 1。

(4)低电流(*I*<)

状态 1:三相对称负荷 0.5 A。

状态 2:A 相电流小于定值;其余量同状态 1。

(5)过电流(*I*>)

状态 1:空载。

状态 2:A 相电流大于定值;其余量同状态 1。

(6)零序电流(I_0)

状态 1:空载。

状态 2:A 相电流大于定值;其余量同状态 1。

(7)负序电流(I_2)

状态 1:空载。

状态 2:A 相电流大于 3 倍定值(其余量同状态 1);或输出三相对称负序电流超过定值。

(8)电压突变量(d*U*)

设定值为 8 V。

状态 1:空载。

状态 2:A 相电压设为 49 V(<57.735-8);其余量同状态 1。

(9)低电压(*U*<)

状态 1:空载。

状态 2:A 相电压小于定值;其余量同状态 1。

(10)过电压(*U*>)

状态 1:空载。

状态 2:A 相电压大于定值;其余量同状态 1。

(11) 零序电压(U_0)

设定值为 8 V。

状态 1:空载。

状态 2:A 相电压设为 49 V($<57.735-8$);其余量同状态 1。

(12) 负序电压(U_2)

设定值为 6 V。

状态 1:空载。

状态 2:A 相电压设为 39 V($<57.735-3\cdot6$);其余量同状态 1。

(13) TV 断线后转二取二

就地判据中投入了受 TV 断线闭锁的判别原件,如果发生 TV 断线且就地判别逻辑不满足,那么保护将无条件转二取二直跳。

TV 断线转二取一要在控制字"TV 断线二取一投入"的情况下才能动作;其他条件同上。

3 **纵差线路保护对调方法**

3.1 光纤纵差线路保护

虽然光纤纵差保护的种类很多,但是其对调的方法基本一样。对调时首先要将两侧装置设置为互环状态,注意主从方式、本侧对侧装置纵联码、时钟控制字等。其次是使通道保持正常。通道是否正常除了看告警灯以外,还要看误码数和失步数。

3.1.1 模拟量对调

光纤纵差通道传输的是两侧的数据信号,所以数据是否正确是保护正确动作的基本条件[10]。需要注意的是,对调时一般都采用正式定值,这时由于保护安装的地点不同,所选用电流互感器的变比可能不同,定值中的 TA 补偿系数不一样,因此就存在两侧实加量和保护视在量的换算[11]。例如,设 M 侧的 TA 变比为 1200/1,则 N 侧的 TA 变比为 750/1。TA 变比系数一般是将变比大的一侧设为 1,小的一侧为其变比与对侧的比值。如 M 侧的 TA 变比系数为 1,则 N 侧的 TA 变比系数为 0.625。

实际观察到的对侧的电流数据:

$$\text{对侧实加电流} \times (\text{对侧 CT 变比}/\text{本侧 CT 变比}) \tag{3-1}$$

因此,M 侧加电流在 N 侧的观测结果如下:

$$\text{N 侧显示对侧电流} = \text{M 侧实加电流} \times (1200/750) \tag{3-2}$$

表 3-1 为具体数据的对应关系。

表 3-1　N 侧显示对侧电流与 M 侧实加电流的对应关系

相位	M 侧实加电流/A	N 侧显示对侧电流/A
A	0.1∠0°	0.16∠0°
B	0.2∠-120°	0.32∠-120°
C	0.3∠120°	0.48∠120°

N 侧实加电流在 M 侧的观测结果如下：

$$M 侧显示对侧电流 = N 侧实加电流 \times (750/1200) \tag{3-3}$$

表 3-2 为具体数据的对应关系。

表 3-2　M 侧显示对侧电流与 N 侧实加电流的对应关系

相位	M 侧显示对侧电流/A	N 侧实加电流/A
A	0.062∠0°	0.1∠0°
B	0.124∠-120°	0.2∠-120°
C	0.186∠120°	0.3∠120°

　　注：RCS-931 系列、PSL621D 系列保护中，TA 变比系数的设定原则为将电流一次额定值大的一侧整定为 1，小的一侧为其电流一次额定值与对侧电流一次额定值的比值。这是由于该保护在装置参数定值里有电流二次额定值一项，考虑了实际变比的换算。但是在模拟量对调的换算时，仍然按照上面的算法进行。

3.1.2　跳闸逻辑对调

　　进行跳闸逻辑对调试验时，加故障的一侧一定要用整组菜单进行。对调试验步骤如表 3-3 所列，设差动门槛为 0.4 A。

表 3-3　跳闸逻辑对调试验步骤

步骤	M 侧状态	N 侧状态	M 侧动作情况	N 侧动作情况
1	开关合位 模拟 B 相接，$I=0.5$ A	不加量 开关分位	跳 B 出口	不启动
2	开关合位 模拟 B 相接，$I=0.5$ A	不加量 开关合位	跳 B 出口	弱馈启动 分相差动出口
3	开关合位 模拟 B 相接，$I=0.5$ A	加三相正常电压 开关合位	启动 保护不动作	不启动

续表

步骤	M 侧状态	N 侧状态	M 侧动作情况	N 侧动作情况
4	开关合位 模拟 B 相接, $I=0.5\,\text{A}$	加三相 34 V 电压 开关合位	启动 分相差动出口	弱馈启动 分相差动出口
5	不加量 开关分位	开关合位 模拟 B 相接, $I=0.5\,\text{A}$	不启动	跳 B 出口
6	不加量 开关合位	开关合位 模拟 B 相接, $I=0.5\,\text{A}$	弱馈启动 分相差动出口	跳 B 出口
7	加三相正常电压 开关合位	开关合位 模拟 B 相接, $I=0.5\,\text{A}$	不启动	启动 保护不动作
8	加三相 34 V 电压 开关合位	开关合位 模拟 B 相接, $I=0.5\,\text{A}$	弱馈启动 分相差动出口	启动 分相差动出口

3.2 纵联线路保护

纵联保护对调的前提是通道交换能正常进行。

3.2.1 闭锁式高频纵联

使用高频收发信作为纵联通道的保护一般多采用闭锁式,其具体步骤如表3-4 所列。

表 3-4 闭锁式高频纵联保护步骤

步骤	本侧状态	对侧状态	本侧操作过程	本侧动作情况
1	开关合位	开关合位	正向故障	保护停信但不出口
2	开关合位	开关合位	反向故障	发信
3	开关合位	三跳位置停信	正向故障	保护动作
4	开关合位	三跳位置停信	反向故障	发信
5	开关合位	三跳位置停信	反向故障;保护启动后立即开入 其他保护停信	先发信,后停信

3.2.2 允许式光纤纵联

使用光接口装置作为纵联通道的保护一般多采用允许式,其具体步骤如表

3-5 所列。

表 3-5　允许式光纤纵联保护步骤

步骤	本侧状态	对侧状态	本侧操作过程	本侧动作情况
1	开关合位	开关合位	正向故障	保护发令但不出口
2	开关合位	开关合位	反向故障	不发令
3	开关合位	三跳位置停信	正向故障	保护动作
4	开关合位	三跳位置停信	反向故障	不发令
5	开关合位	三跳位置停信	反向故障;保护启动后立即开入其他保护停信	发允许令

对于 A 公司 CSC-101A 纵联保护,还有一种比较简洁直观的对调方法,即两侧同时加正向区内故障,故障延时 2~3 s。同步方式可以采用 GPS 或电话口令。

3.3　高频通道调试的一般方法

高频收发信机的型号较多,但其基本上都可以按照以下几个步骤来调试:①灵敏启动电平测试;②发信电平测试;③收信电平测试;④收信裕度计算;⑤6 dB 告警设置。

3.3.1　灵敏启动电平测试

这一项目在仪器完备的情况下可以单侧独立完成,在没有振荡器的情况下可以参考 9.3 节,利用通道来进行。使用振荡器时,首先,把振荡器的频率调整为与装置相同,75 Ω 输出,将引线接在装置专用的测试端口上,注意芯线和地线不要接反,且不能短路;其次,退出远方启信功能,关闭保护装置电源,拆开收发信机启信端子上的开入引线;再次,将装置跳线置于通道位置,并甩开高频电缆;最后,逐步增大振荡器输出,直至装置收信灯亮。此时,振荡器输出即为装置灵敏启动电平,一般应为 4~5 dBm[12-13]。

3.3.2　发信电平测试

首先,把选频电平表的频率调整为与装置相同,输入阻抗选∞;其次,将引线接在专用端口,跳线置于负载位置;再次,退出装置内部各种衰耗,必要时给电平表前加衰耗器,防止超量程烧坏电平表;最后,短接装置启信端子使装置发信,读取电平表的数值即为装置发信电平,一般应为 40 dBm。收发信机发信时不能空载,通道带电缆或者负载;电平表相当于万用表,在内阻无穷大时测。使用振荡器时,甩开电缆,采用 75 Ω 输入阻抗[14]。

3.3.3　收信电平测试

这一步是在通道正常的前提下进行的。电平表高阻跨接后再接在通道口上,使用通道的交换功能唤起对侧发信,前 5 s 为收信电平。注意在本侧发信阶段不要因为超量程而烧化表计。通过预设通道衰耗器和收信衰耗器可以调整收信检测电平,一般将其调整到 20 dBm 左右。

3.3.4　收信裕度计算

收信裕度为收信电平显示与收信灵敏启动电平之差。在前面各步调整合适的情况下,验证该步的意义不大。

3.3.5　6 dB 告警设置

以往多采用 3 dB 告警,现在通常使用 6 dB 告警。根据实际收信电平设置相应的 6 dB 告警参数,然后在通道中串接专用衰耗器,按通道交换按钮唤起通道交换。当外部衰耗值大于 6 dB 时,通道告警灯亮;当外部衰耗值小于 6 dB 时,通道告警灯不亮。

4 断路器辅助保护

断路器辅助保护的种类繁多,型号各异,但是其动作的基本原理是一致的,其模拟各种故障和逻辑的方法是相似的,这是由它的保护功能、逻辑以及原理所决定的。下面我们从几个具体的不同厂家的断路器辅助保护装置的调试为例详细说明。

4.1 A公司CSC-121A型断路器辅助保护

4.1.1 重合闸

(1)单跳单重

电力系统220 kV及以上系统均使用单跳单重方式。模拟时应首先解开"闭锁重合闸"及"低气压闭锁重合闸"的开入接点,然后在重合闸充满电后,瞬时开入任一相跳闸信号,信号收回后重合闸启动,经定值延时后出口[15]。

注意:重合闸启动前400 ms内低气压闭锁重合闸信号不能闭锁重合闸。这一逻辑可以用状态序列进行验证。若投入"单相重合闸检线路有压",则要检三相有压方可重合,此时Ⅱ线侧必须接入三相电压,以满足需检线路侧三相电压的特殊场合[16]。

(2)沟通三跳

若满足下列任一条件,则沟通三跳:

① 重合闸投三重方式;

② 重合闸停用;

③ 重合闸充电未满。

4.1.2 失灵保护

(1) 失灵瞬跳

①单相失灵重跳。

失灵启动→收到单相跳令,且有流→瞬跳该相→跳令或电流收回,瞬跳令收回。设失灵定值 $I_{SL} = 1$ A,以 A 相为例,使用整组菜单,设一对开出接点,故障时闭合,作为保护动作跳令。不使用电压,A 相加 1.1 A 电流。开入 A 相跳令。报文:A 相失灵重跳出口。

注意:如果之前重合闸未充电,那么"三相失灵重跳出口"将同时报出。

②三相失灵重跳。

失灵启动→收到两侧跳令,或一侧三相跳令,或一侧三跳令,且有流→瞬跳三相→跳令或电流收回,瞬跳令收回。定值同上。A 相加 1.1 A 电流,开入三相跳令或两侧跳令,或三跳令。报文:三相失灵重跳出口。

(2) 延时三跳

失灵启动→收到单相跳令,且有流→延时三跳本断路器。

本功能可经零序电流闭锁。设失灵零序电流定值为 1 A,失灵三跳延时为 0.15 s。以 A 相为例模拟时,A 相加 1.1 A 电流,开入 A 相跳令;故障延时 0.2 s。报文:35 ms,A 相失灵重跳出口;188 ms,三相失灵重跳出口。

(3) 延时跳相关断路器

条件同失灵瞬跳,单跳、三跳均可启动。模拟时,故障延时超过失灵跳相邻时间定值即可。报文:相邻失灵出口。

(4) 非故障相延时跳相关断路器

保护收到三跳信号,同时任一相电流大于失灵高值,之后三跳令不收,但任意相电流大于失灵低定值,经失灵延时后跳相邻断路器[17]。模拟时,宜用状态序列。

① 先模拟动作。

状态 1:输出如下。

$$\begin{cases} \dot{I}_{A1} = 0.35\ \text{A}\angle 0° \text{(大于失灵高定值 0.32 A)} \\ \dot{I}_{B1} = 0.3\ \text{A}\angle -120° \text{(大于失灵低定值 0.28 A)} \\ \dot{I}_{C1} = 0.25\ \text{A}\angle 120° \text{(小于失灵低定值 0.28 A)} \end{cases}$$

另外输出一对开出接点为闭合状态,作为三跳令的开入(也可以将电流串入线路保护中,满足其三跳类型的保护动作,然后投三跳启动失灵的压板,以满足三跳令的开入)。状态延时 0.2 s。

状态 2:继电保护测试仪输出设置如下。

$$\begin{cases} \dot{I}_{A1} = 0\ \text{A}\angle 0° \text{(设为零)} \\ \dot{I}_{B1} = 0.3\ \text{A}\angle -120° \text{(大于失灵低定值 0.28 A)} \\ \dot{I}_{C1} = 0.25\ \text{A}\angle 120° \text{(小于失灵低定值 0.28 A)} \end{cases}$$

三跳令继续满足。状态延时 0.2 s,大于失灵跳相邻延时定值。

状态 3:仅为一个使开出接点返回的过程,电流、电压全部为零。状态延时 0.1 s。报文:三相失灵重跳出口。相邻失灵出口。

② 再模拟不动作。

状态 1:输出同上一步模拟动作时状态 1 的设置。

状态 2,输出如下:

$$\begin{cases} \dot{I}_{A1} = 0\ \text{A}\angle 0° \text{(设为零)} \\ \dot{I}_{B1} = 0.26\ \text{A}\angle -120° \text{(小于失灵低定值 0.28 A)} \\ \dot{I}_{C1} = 0.25\ \text{A}\angle 120° \text{(小于失灵低定值 0.28 A)} \end{cases}$$

三跳令继续满足。状态延时 0.2 s,大于失灵跳相邻延时定值。

状态 3:同上一步。报文:三相失灵重跳出口。

(5)发变组三跳逻辑

发变组三跳开入不允许重合,将瞬跳本断路器,延时跳相关断路器。设有发变组合位闭锁,相电流、零序电流、负序电流闭锁,投入时要满足相应条件。模拟时,A 相加 1.1 A 电流,点入发变组三跳开入,瞬跳本断路器,延时跳相关断路器[18]。

4.1.3　三相不一致保护

投相应控制字,开入三相不一致信号,若投"不一致经零、负序电流开放",

则需加相应电流超过闭锁定值,保护才能动作;反之,投"不经零、负序电流开放"时,保护直接动作。需要特别注意的是,负序电流闭锁定值为 $3I_2$ 的门槛,即 3 倍负序电流超过定值才能动作。模拟时,加单相电流超过负序定值即可满足动作闭锁条件[19]。

在真实模拟时,将开关置于合位,短接 TWJ 回路的负电端到控制电源负端,强令 TWJ 动作,此时三相不一致条件满足,由操作箱输出三相不一致信号到保护。这种方法在投"不一致经 TWJ 闭锁"的时候有事半功倍的效果[6,20]。

4.1.4 充电保护(过流保护)

投充电保护硬压板。

(1)过流 Ⅰ 段

Ⅰ 段充电保护分为长延时和短延时两种方式。投短延时时,有手合开入,或三相 TWJ 开入超过 20 s 后,任一相有电流超过定值,保护动作[21]。对应不同的条件,有两种模拟方法。

①开入手合信号。

用整组菜单,设一对开出接点,故障时闭合,作为手合信号。故障选单相接地,电流超过过流 Ⅰ 段定值。

②TWJ 开入超过 20 s。

等 TWJ 开入超过 20 s 后,直接加单相电流超过过流 Ⅰ 段定值即可。注意,在这里有两点需要特别提醒:一是由于短延时只投入 500 ms,因此时间定值一定要小于 500 ms,比如设为 0.3 s;二是短延时每次动作间隔必须超过 20 s,否则会造成不动作的假象。投长延时时,直接加单相电流超过定值。

(2)过流 Ⅱ 段

Ⅱ 段充电保护,直接加单相电流超过定值即可。

4.1.5 死区保护

死区保护要同时满足下列三个条件才能动作:

① 三相跳位开入。

② 三相或两相跳令开入,或三跳令开入。

③ 任一相有电流超过定值。

④ 死区保护动作后跳相关断路器。

实际传动时,让线路保护动作跳开断路器三相,并满足电流条件即可。

4.2　C 公司 RCS-921 系列断路器辅助保护

本装置适用于 220 kV 及以上电压等级的 3/2 接线或角形接线的断路器。RCS-921 为由微机实现的数字式断路器失灵启动及辅助保护装置,也可作为母联或分段开关的电流保护,不含重合闸功能[22]。

4.2.1　重合闸

(1) 单跳单重

逻辑和 CSC-121 相同,单跳令收回时重合闸启动。不同的是,本装置关于重合出口延时有几个定值、控制字和硬压板。"后合固定"控制字置 0,重合闸会按照单重延时定值出口。"投先重"硬压板退出,且在重合启动的同时收到"闭锁先合"开入的情况下,重合出口时间为"单重延时定值+后重延时定值"。闭锁先合接点的动作条件为"投先重"硬压板、"投先合"软压板均投入。单相跳令收回后该接点动作,维持 5~7 s。

(2) 沟通三跳

原理和 CSC-121 相似。本装置还设有"未充电沟通三跳"控制字,将其置 1。

(3) 后合跳闸

当"后合检线路有压"控制字投入,后合开关检测到线路有流无压时,终止重合逻辑,出口跳闸。试验方法如下:

状态 1:开入 A 相跳令,加 A 相电流大于失灵高值;状态延时 0.05 s。

状态 2:收回 A 相跳令,开入"闭锁先合",无电流;状态延时 0.7 s(大于单重延时)。

状态 3:开入 A 相跳令及"闭锁先合",加 A 相电流大于失灵高值;状态延时

1 s。

开始后保护会在状态 1 时跳 A,状态 3 时后合跳闸。如果不开入"闭锁先合",可投入"后合固定"控制字。本功能不能代替先重闭锁后重并加速跳开其余两相的功能,因为其设有时间定值,而且规定应比重合长延时长[23]。

(4)先重闭锁后重至永跳

退出"投先重"压板,"未充电沟通三跳"控制字置 1。用状态序列如下:

状态 1:开入 A 相跳令,加 A 相电流大于失灵高值;状态延时 0.05 s。

状态 2:收回 A 相跳令,开入"闭锁先合",无电流;状态延时 0.7 s(大于单重延时)。

状态 3:开入 A 相跳令及"闭锁先合",加 A 相电流大于失灵高值;状态延时 1 s。

开始后保护会在状态 1 时跳 A,状态 3 时三跳。

(5)同期功能

对于单重方式,不存在同期,无论电压是否满足,均能重合出口。

4.2.2　失灵保护

(1)单跳启动失灵

本装置仍然设有失灵电流高定值和低定值,对于单跳启动还增加了"单跳经零序失灵"控制字,以及对应的"失灵零序电流"定值。

动作过程仍然分为三个过程:单相跟跳→失灵跳本开关→失灵动作(跳相邻)。

失灵跳本开关有控制字和时间定值。一般常见定值为失灵跳本开关 150 ms,失灵动作 300 ms。有单相跳令开入的同时对应相电流超过失灵电流高定值,经延时后失灵按顺序动作。投"单跳失灵经零序闭锁"时,故障电流还应超过"失灵零序电流"定值[24]。动作报文示例如下:17 ms,A 相跟跳,157 ms 失灵跳本开关,163 ms 沟通三跳→322 ms 失灵动作。

(2)发变组三跳逻辑

发变组三跳开入不允许重合,将瞬跳本断路器,延时跳相关断路器。设有发变组失灵经 cos 闭锁、零序电流、负序电流闭锁,投入时,则要满足相应条件[25]。cos 闭锁的定值条件有两个:低功率因素角定值和低功率因素过流定值。这个过程需要用状态序列来模拟:

状态 1:正常负荷状态,即三相正常电压,三相负荷电流 0.5 A,滞后电压 0°;状态延时 12 s。

状态 2:三相负荷电流改为 0.7 A(大于定值),滞后电压 70°(大于定值);开出发变三跳接点;状态延时 0.5 s。

动作报文示例如下:12 ms 沟通三跳→15 ms 三相跟跳→169 ms 失灵跳本开关→318 ms 失灵动作。经零序电流为 $3I_0$,负序电流为 $3I_2$,即加单相(在跳令开入相)电流超过相应定值即可。

(3)低定值的校验

失灵低定值是针对线路三跳和发变组三跳开入的。失灵电流以高定值启动失灵后,可以低定值保持,完成后续动作逻辑。

状态 1:A 相电流 1 A(大于失灵高定值),线路三跳或发变三跳开入;状态延时 0.05 s。

状态 2:A 相电流 0.6 A(大于失灵低定值),线路三跳或发变三跳开入;状态延时 0.3 s。

4.2.3　三相不一致保护

动作逻辑和 CSC-121 一样,模拟时,将开关置于合位(空屏未接电缆时仅让操作箱带电即可),短接 A 相 TWJ 回路的负电端到控制电源负端,则 A 相 TWJ 动作开入保护,在不经零、负序闭锁的情况下,三相不一致延时到后直接动作[26]。简单点说,即单相 TWJ 开入大于延时即可。若经零、负序闭锁,则电流一定要加在非 TWJ 开入相。

4.2.4　充电保护(过流保护)

本装置的动作逻辑相当简单,和 TWJ 及手合令均无关。投软、硬压板后,加任一相电流超过定值即动作。

4.2.5　死区保护

同 CSC-121,即三相跳令、三相跳位、电流及延时大于定值。

4.3 B公司 PSL-632U 系列断路器保护装置

本装置适用于 220 kV 及以上电压等级的 3/2 接线与角形接线的断路器保护。PSL-632U 系列断路器保护装置具有失灵保护、死区保护、两段充电相过流保护、一段充电零序过流保护、三相不一致保护和自动重合闸功能[27]。

4.3.1 失灵保护

(1) 单跳失灵

保护装置收到单相的保护跳令后,若对应相电流大于 $0.06I_n$,并且满足失灵零序电流元件或负序电流元件中的任一个条件,则瞬时跟跳相应相;经"失灵保护跳相邻开关时间"定值发失灵保护动作跳相邻断路器[28]。

交流模件加入电流,在电流对应的相别加入开关量,持续一定时间。当电流值达到 1.05 倍失灵动作电流定值时,失灵保护动作。投入失跟跳本断路器时,跟跳相应相别。当电流值为 0.95 倍失灵动作电流定值时,失灵保护不动作[29]。

用电流菜单,满足失灵零序或负序电流值,且短接跳闸开入,跳闸开入与加电流配合。

(2) 三相失灵

三相失灵动作条件:保护装置收到单个三跳令或者同时收到三个单相跳令后,若满足低功率因素元件、负序电流元件、零序电流元件、失灵相电流元件中的任一个条件,则经"失灵保护跳相邻开关时间"定值发失灵保护动作跳相邻断路器[30]。

低功率因素动作条件:$|\cos\varphi| < \cos\varphi_{ZD}$ 且该相电压大于 6 V,该相电流大于 $0.06I_n$,无 PT 断线。φ 为一相电压与电流的相角差测量值;φ_{ZD} 为装置低功率因素角整定值,整定范围为 45°~90°。

状态 1:正常负荷状态,即三相正常电压,三相负荷电流 0.5 A,滞后电压 0°;状态延时 12 s。

状态 2:三相负荷电流改为 0.5 A,滞后电压 φ(大于 φ_{ZD} 定值);开出三跳接点;状态延时 0.5 s。

经零序电流为 $3I_0$,负序电流为 $3I_2$,即加单相(在跳令开入相)电流超过相应定值即可。

4.3.2　死区保护

在某些接线方式下可能存在死区(如断路器在 CT 与线路之间),断路器和 CT 之间发生故障,虽然故障线路的保护能快速动作,但本断路器跳开后故障并不能切除。此时需要失灵保护动作跳开有关断路器。失灵保护一般动作时间都比较长,所以增设了比失灵保护动作快的死区保护。启动元件、整组复归条件、出口跳闸接点均和失灵保护相同[31]。

死区保护逻辑:

① 变化量电流启动或零序电流启动。

② 有三跳信号开入(三相跳闸令或者 A、B、C 三相跳闸同时动作)。

③ 对应断路器跳开(装置收到三相 TWJ 开入)。

④ 任一相电流大于"失灵保护相电流定值"。

校验:断路器跳开、继电保护测试仪电流菜单加单相电流大于"失灵保护相电流定值",同时短接三跳节点,死区保护动作。

4.3.3　充电过流保护

两段独立的相过流和一段零序过流保护,两段相过流和零序过流保护,均受"充电过流保护"压板及相应控制字控制[32]。

相过流:继电保护测试仪电流菜单加相电流即可。

零序过流:继电保护测试仪电流菜单加相电流,零序电流到值经延时即可动作。

4.3.4　三相不一致保护

保护装置引入开关的分相位置接点(任一相 TWJ 动作且该相无流时确认该相开关在跳闸位置),若任一相或任两相在跳闸位置,而三相不全在跳闸位置,则认为三相不一致。经可整定的三相不一致保护时间出口跳闸驱动分相出口继电器,跳本断路器三相[30-32]。

投相应控制字,开入三相不一致信号,若投"不一致经零、负序电流开放",

则需加相应电流超过闭锁定值,保护才能动作;反之,投"不经零、负序电流开放"时,保护直接动作。需要特别注意的是,负序电流闭锁定值为 $3I_2$ 的门槛,即 3 倍负序电流超过定值才能动作。模拟时,加单相电流超过负序定值即可满足动作闭锁条件[22,31]。

校验时,将开关置于合位,短接 TWJ 回路的负电端到控制电源负端,强令 TWJ 动作,此时三相不一致条件满足,由操作箱输出三相不一致信号到保护。

4.3.5 重合闸

电力系统 220 kV 及以上系统均使用单跳单重方式[16]。模拟时,应解开"闭锁重合闸"及"低气压闭锁重合闸"的开入线,然后在重合闸充满电后(重合闸充电时间为 15 s),瞬时开入任一相跳闸信号,信号收回后重合闸启动,经定值延时后出口。

单相跳闸启动重合闸:

① 保护单跳启动重合闸的条件为(与门条件):保护发单相跳闸信号;跳闸相无电流且跳令返回;不满足三相启动条件;重合闸处于单重方式。

② 断路器位置不对应启动重合闸的条件为(与门条件):功能控制字"单相 TWJ 启动重合闸"投入,或"三相 TWJ 启动重合闸"投入;单相或多相跳位继电器持续动作且断开相无流,与重合闸方式对应。

重合闸静态校验用状态序列:故障前状态加三相电流 0.5 A 正序(大于突变量启动值),持续时间 1 s。故障状态 A 相加 0,A、B 相及 C 相加 0.5 A 正序,故障时间 1 s。加量时在端子排瞬间短接 A 相保护跳闸[24]。

4.4 D 公司 WDLK-862A-G 系列断路器保护装置

WDLK-862A-G 保护装置为微机实现的数字式断路器保护装置,用作 220 kV 及以上电压等级的 3/2 接线及角形接线的断路器保护。WDLK-862A-G 断路器保护装置包括断路器失灵保护、死区保护、三相不一致保护、充电过流保护和综合重合闸等功能。

4.4.1 失灵保护

断路器失灵保护包含了跟跳、三跳本开关和失灵保护三个功能,在校验失灵保护定值时要注意,不能疏漏,建议一次性校验该三个功能。其中,单跳启动失灵时,失灵定值为固定 $0.06I_n$ 的相电流以及失灵零序或失灵负序电流;三相跳闸启动失灵时,失灵定值为失灵相电流或失灵零、负序电流或低功率因数角[19,25]。

(1) 单跳启动失灵

① 加单相故障电流 I (保证大于 $0.06I_n$,同时保证失灵零序或失灵负序电流满足),同时短接故障相外部单相跳闸开入,装置面板上跳闸指示灯亮,液晶显示故障相跟跳动作。

② 该故障状态持续时间大于失灵三跳本断路器时间延时后,液晶上显示失灵跳本开关动作。

③ 该故障状态持续时间大于失灵跳相邻断路器时间延时后,装置面板上失灵动作指示灯亮,液晶上显示失灵保护动作。

④ 加单相故障电流 I (不满足相电流 $0.06I_n$,或不满足失灵零序或失灵负序电流),同时施加故障相外部单相跳闸开入,跟跳,跳本开关和失灵保护均不动作。

(2) 三跳启动失灵

① 继电保护测试仪电流菜单加单相电流(保证满足失灵相电流,或满足失灵零序,或失灵负序电流,或满足低功率因数角),同时短接外部三相跳闸开入或三个分相跳闸开入,经 10 ms 延时后,装置面板上跳闸指示灯亮,液晶显示三相跟跳动作。

② 故障状态持续时间大于失灵三跳本断路器时间延时后,液晶上显示失灵跳本开关动作。

③ 故障状态持续时间大于失灵跳相邻断路器时间延时后,装置面板上失灵动作指示灯亮,液晶上显示失灵保护动作。

④ 继电保护测试仪电流菜单加单相电流 I (不满足相电流 $0.06I_n$,或不满足失灵零序或失灵负序),同时短接外部三相跳闸开入或三个分相跳闸开入,跟跳,跳本开关和失灵保护均不动作。

4.4.2 死区保护

死区保护逻辑:投入"死区保护"控制字;有三相跳闸开入;有三相跳位开

入;任一相电流大于失灵保护相电流定值。

校验:投入死区保护控制字。

加电流 $I_A = 0.5$ A $\angle 0°$、$I_B = 0.5$ A $\angle -120°$、$I_C = 0.5$ A $\angle 120°$，TWJ$_A = 1$、TWJ$_B = 1$、TWJ$_C = 1$，同时短接三跳开入,经死区保护时间延时后,装置面板上跳闸指示灯亮,失灵动作。

4.4.3　充电过流保护

若任一相电流大于充电过流 I 段或充电过流 II 段相电流定值,则固定延时 40 ms,充电过流保护启动。

校验:

① 投入充电过流保护硬压板和软压板,分别依次投入充电过流保护 I 段控制字、充电过流保护 II 段控制字和充电零序过流保护控制字。

② 加单相电流 $1.05I_{nI}$(其中 I_{nI} 为充电过流 I 段电流定值),加故障量的时间大于充电过流 I 段时间延时,装置面板上跳闸指示灯亮,液晶上显示充电过流 I 段动作。

③ 加单相电流 $0.95I_{nI}$(其中 I_{nI} 为充电过流 I 段电流定值),加故障量的时间大于充电过流 I 段时间延时,充电过流 I 段不动作。

充电过流保护 II 段、充电零序过流保护的做法与上面相同。

4.4.4　三相不一致保护

投入三相不一致保护,当本断路器发生三相跳位开入不一致且跳位相均无流时,识别为进入三相不一致状态。若本断路器进入三相不一致状态持续12 s,则装置发"开关长期三相不一致"告警报文,并驱动告警继电器;当三相不一致状态不满足时,该告警延时 1 s 返回,位置长期不一致告警闭锁三相不一致保护。

校验时,将开关置于合位,短接 TWJ 回路的负电端到控制电源负端,强令 TWJ 动作,此时三相不一致条件满足,由操作箱输出三相不一致信号到保护。

4.4.5　重合闸

3/2 接线方式下,一条线路相邻两个断路器,通常设定一个断路器为先合断路器,另一个断路器为后合断路器,在先合断路器重合到故障线路时保证后合断路器不再重合。断路器先、后合的次序通过对两个断路器配置的断路器保护中重合闸时间定值的整定不同来决定,延时整定较短的为先合断路器,延时整定较长的为后合断路器。当先合断路器合于故障线路时,线路保护加速跳闸,后合断路器在重合闸延时未到前收到闭锁重合闸信号时立即放电,不再重合[30]。

重合闸静态校验用状态序列:故障前状态加三相电流 0.5 A 正序(大于突变量启动值),持续时间 1 s。故障状态 A 相加 0 A,B 相及 C 相加 0.5 A 正序,故障时间 1 s。加量时同时在端子排瞬间短接 A 相保护跳闸。

4.5 断路器辅助保护传动的几个要点

4.5.1 3/2 接线方式中先重闭锁后重逻辑

在 3/2 接线的系统中,要求在永久性故障时先重开关重合到故障上以后,能够闭锁后重开关的重合进程,避免对线路及系统的再次冲击。这个逻辑的验证常常是个比较麻烦的过程。多个装置在时间上的配合、压板上的配合,都需要恰到好处才能准确体现这一过程[33]。

典型设计的 330 kV 断路器控制回路的一部分,反映了先重闭锁后重及沟通三跳的回路原理,如图 4-1 所示。

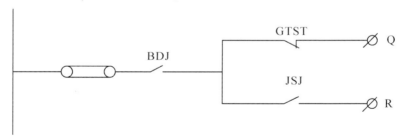

图 4-1 JSJ 原理接线图

①比如线路是在 3321 开关和 3320 开关之间,3321 整定为先重,延时0.8 s;3320 整定为后重,延时 1.4 s,投其"重合长延时"压板。

②两台开关均投"重合闸出口"压板,并将重合闸切换把手切于"单重方式"。

③RCS-931 分别给两组断路器的辅助保护各送一副保护动作接点 BDJ,前

面的压板名称为"沟通三跳至3321""沟通三跳至3320"。应投上。

④RCS-931还要投几个压板：

Ⅰ.第一次A相故障时要跳开两台断路器故障相,投"A相出口跳3321""A相出口跳3320"压板。

Ⅱ.要启动两台断路器的重合闸,还要投"启动3321重合闸""启动3320重合闸"压板。

Ⅲ.选用零序保护来传动,应投上零序保护功能压板。

⑤还要注意的是,线路保护三跳出口时,可能有回路到断路器辅助保护闭锁重合,如果该回路起作用的话,就体现不出来先重闭锁后重的逻辑,所以应将该回路临时拆除。在本例中该回路的回路号为09。

⑥选用零序菜单,设置两次零序Ⅰ段内的A相接地故障,故障限时0.1 s,故障前时间为0.9 s。故障控制选自控方式。

⑦开始前,两台断路器均在合位,重合充电满。

设第一次故障的开始时刻为零时刻,则20~40 ms时刻零序Ⅰ段出口,跳开3321开关、3320开关A相;100 ms时刻两台开关的重合闸启动;900 ms时刻3321重合闸出口,送至3320的JSJ闭合,3321 A相经固有延时后重合成功;1000 ms时刻第二次故障开始,固有延时后保护加速动作出口,通过保护动作接点BDJ和JSJ相串永跳3320,BDJ和沟通三跳接点GTST相串三跳3321。

⑧还有一种更简便的压板选择方案,即可以传动上面的重合相邻加速逻辑,两个压板传加速逻辑。

⑨若在线路保护屏上仅投"沟通三跳至3320""启动3321重合闸"两个出口压板,在断路器辅助保护屏上不投任何压板。

模拟故障同前。两台开关均在合位,且重合充电满。第一次故障后,3321重合出口,到3320的JSJ动作;第二次故障时,BDJ和JSJ相串永跳3320。实际上这种办法更为直接。两个压板互换,即仅投"沟通三跳至3321""启动3320重合闸",便可验证3320送到3321的JSJ。

4.5.2 双母接线方式中一个应注意的问题

以某厂2006年6月3日4时25分发生的330 kV草北Ⅰ、Ⅱ线跳闸事件简要说明断路器辅助保护在电力系统安全稳定运行中的重要性。事件发生时正值该线路投运整一年之际,线路两侧断路器辅助保护对线路实际故障的反应是正确的。而问题就在于当线路北郊变侧单相重合时,草滩变侧本该也单相重合,但实际上草滩变重合闸没有启动成功。又恰好是两条线路同时故障,导致本次事故的影响范围扩大。经专家对现场故障保文、录波信息、定值参数的分析,发现用于两条线路开关的断路器辅助保护装置 CSC-121A 定值设置不合适。在该装置中,失灵延时跳相邻断路器的延时定值设置为 0,导致失灵跳相邻动作,不允许重合。但经调度和设计院分析确认,该定值是为了和母线保护配合。母线保护受到失灵开入后,第一时限跳母联断路器,第二时限跳母线。若要给断路器失灵跳相邻再加上延时的话,这三个时限不好配合。如果没有这次事故,那么各方可能还发现不了这个隐患[10,27]。

此后各方立即组织对正在施工的 330 kV 河寨变进行了保护逻辑分析,提出如下整改方案:

①将失灵跳相邻时闭锁重合闸的逻辑去掉,使其不能给重合闸放电,保证单相瞬时故障时能启动重合。

②给启动母差失灵的回路中串接保护动作接点,减少其误动而导致母线跳闸的可能性。

经试验验证,所提方案在解决上述问题时是可行的。由此提醒我们,在分系统调试阶段,做保护整组传动试验时,要全面考虑相关系统间的各种故障情况,对保护逻辑进行全面系统化的验证。

5   短引线及 T 区保护

短引线保护和 T 区保护是不同的继电保护类型。短引线保护是指在 3/2 断路器接线、桥型接线或扩大单元接线中,当两个断路器之间所接线路或变压器停用时,由于该线路或变压器的主保护退出,两个断路器之间的一小段联线成为保护死区,因此,通过新增电流差动保护(该保护引入这两个断路器的 CT 信号作为差动信号)来识别并切除这一段联线上的故障,该保护即短引线保护[33]。

T 区保护是指当所接线路或变压器配置有单独的开关和 CT 时,线路保护或变压器使用 CT 时的保护范围不包括三个断路器之间的 T 形区域,因此,通过新增电流差动保护(该保护引入这三个断路器的 CT 信号作为差动信号)来识别并切除这一段 T 区上的故障,该保护即为 T 区保护[33-34]。

下面我们从几个具体的短引线和 T 区保护装置型号的调试过程来介绍短引线和 T 区保护的调试方法。

5.1   A 公司 CSC-123A 数字式短引线保护装置

CSC-123A 数字式短引线保护装置适用于 220 kV 及以上电压等级一个半断路器接线方式。短引线保护投入时,在该间隔两组断路器之间发生故障能有选择地切除故障,适用于两端 CT 变比均相同的场合。

5.1.1   高定值比率差动

高定值比率差动动作方程如式(5-1)所示[34]:

$$\begin{cases} |\dot{I}_1 + \dot{I}_2| > \dot{I}_{\text{CDH}} \\ |\dot{I}_1 + \dot{I}_2| > 0.75 \times |\dot{I}_1 - \dot{I}_2| \end{cases} \quad (5-1)$$

式中，$\dot{I}_1$、$\dot{I}_2$ 为对应两组 CT 电流，A；$\dot{I}_{CDH}$ 对应高定值差动启动定值，A。设 $\dot{I}_{CDH}$ = 1 A，则比率差动动作特性曲线如图 5-1 所示，图 5-1 中 I_{CD} 代表差动电流，I_{ZD} 代表制动电流，K 表示差动电流与制动电流的斜率比[35]，其中 a 点表示 1 A，b 点表示 2 A，c 点表示 3 A。

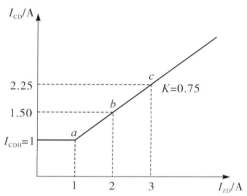

图 5-1　高定值比率差动动作特性曲线

在进行高定值比率差动保护功能调试时，可使用继电保护测试装置的通用型电流、电压菜单栏。设置继电保护测试装置电流栏两侧的电流相位相差 180°，电流幅值的大小设置可根据表 5-1 所列的数据进行测试验证。

表 5-1　高定值比率差动保护功能校验测试数据

电流名称	电流值/A		
	a 点	b 点	c 点
$I_1 = 0.5 \cdot (I_r + I_d)$	1.05	1.75	2.625
$I_2 = 0.5 \cdot (I_r - I_d)$	0.00	0.25	0.375
I_{CD}	1.05	1.50	2.250
I_{ZD}	1.05	2.00	3.000

5.1.2　低定值比率差动

低定值比率差动动作方程如式（5-2）所示[36]：

$$|\dot{I}_1 + \dot{I}_2| - |\dot{I}_1 - \dot{I}_2| > \dot{I}_{CDL} \tag{5-2}$$

式中，$\dot{I}_1$、$\dot{I}_2$ 分别为对应两组 CT 电流，A；$\dot{I}_{CDL}$ 对应低定值差动启动定值，A。设 $\dot{I}_{CDL}$ = 1 A，则低定值比率差动动作特性曲线如图 5-2 所示，图 5-2 中 a、b 两点

的参数计算如式(5-3)、式(5-4)所示：

a 点参数：

$$\begin{cases} \dot{I}_1 = 0.55\ \mathrm{A} \angle 0° \\ \dot{I}_2 = 0.55\ \mathrm{A} \angle 0° \\ |\dot{I}_1 + \dot{I}_2| - |\dot{I}_1 - \dot{I}_2| = 1.1 > \dot{I}_{CDL} \end{cases} \tag{5-3}$$

b 点参数：

$$\begin{cases} \dot{I}_1 = 1.55\ \mathrm{A} \angle 0° \\ \dot{I}_2 = 0.55\ \mathrm{A} \angle 0° \\ |\dot{I}_1 + \dot{I}_2| - |\dot{I}_1 - \dot{I}_2| = 1.1 > \dot{I}_{CDL} \end{cases} \tag{5-4}$$

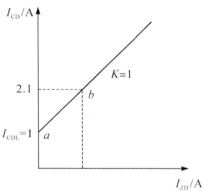

图 5-2　低定值比率差动动作特性曲线

5.1.3　简单差动

简单差动的动作方程如式(5-5)所示：

$$\begin{cases} |\dot{I}_1 + \dot{I}_2| > \dot{I}_{H\,I} \\ |\dot{I}_1 + \dot{I}_2| > \dot{I}_{H\,II} \end{cases} \tag{5-5}$$

式中，$\dot{I}_1$、$\dot{I}_2$ 分别为对应两组 CT 电流，A；$\dot{I}_{H\,I}$ 对应 I 段差动电流定值，A；$\dot{I}_{H\,II}$ 对应 II 段差动电流定值，A[36]。

在进行简单差动保护校验时，可使用继电保护测试装置的通用型电流、电压栏，根据充电保护定值的大小加入相应电流，进行校验即可。

5.1.4 过流保护

过流保护 Ⅰ 段的投入条件为一个半断路器接线方式中,短引线保护软压板投入,"过流保护 Ⅰ、Ⅱ 段"控制位置"1"。过流保护动作方程如式(5-6)所示[32]:

$$|\dot{I}_1 + \dot{I}_2| > \dot{I}_{GL} \tag{5-6}$$

式中,$\dot{I}_1$、$\dot{I}_2$ 分别为对应两组 CT 电流,A;$\dot{I}_{GL}$ 对应过流保护电流定值,A。在进行过流保护校验时,可使用继电保护测试装置的通用型电流、电压栏,根据充电保护定值的大小加入相应电流,进行校验即可。

5.2 A 公司 CSC-123B 数字式 T 区保护装置

CSC-123B 数字式 T 区保护装置主要用于 220 kV 及以上电压等级一个半断路器接线方式下的 T 区保护。适用于三端 CT 变比均相同的场合。

5.2.1 差流辅助启动元件

差流辅助启动判据如式(5-7)所示:

$$|\dot{I}_1 + \dot{I}_2 + \dot{I}_3| > 0.9 \times \min\{I_{CDDZ}, I_{GL\,I}, I_{GL\,II}\} \tag{5-7}$$

式中,I_{CDDZ} 为差动动作电流定值,A;$I_{GL\,I}$ 为过流保护 Ⅰ 段电流定值,A;$I_{GL\,II}$ 为过流保 Ⅱ 段电流定值,A;I_1、I_2、I_3 分别为两个断路器及出线 CT 电流,A[31]。

该差流辅助启动元件的动作原理分别按 A、B、C 三相构成,任一差动电流满足以上条件,保护启动。

5.2.2 三侧比率制动式电流差动保护

差动保护的软、硬压板及控制字投入后,当线路出线的隔离开关刀闸合上时,投入三侧比率制动式电流差动保护。其三侧比率制动式电流差动保护动作方程如式(5-8)所示[36]。

$$\begin{cases} |\dot{I}_1 + \dot{I}_2 + \dot{I}_3| > I_{CDDZ} \\ |\dot{I}_1 + \dot{I}_2 + \dot{I}_3| > (|\dot{I}_1| + |\dot{I}_2| + |\dot{I}_3|)/2 \end{cases} \tag{5-8}$$

式中,I_{CDDZ} 为差动动作电流定值,A;I_1、I_2、I_3 分别为两个断路器及出线 CT 电流,A。

三侧比率制动式电流差动保护动作特性曲线如图5-3所示,动作曲线为过原点的折线,其中K为比率制动系数,差动电流I_{CD}、制动电流I_{ZD}如式(5-9)所示,I_{CDZD}为差动动作电流定值[26]。

$$\begin{cases} I_{CD} = |\dot{I}_1 + \dot{I}_2 + \dot{I}_3| \\ I_{ZD} = (|\dot{I}_1| + |\dot{I}_2| + |\dot{I}_3|)/2 \end{cases} \tag{5-9}$$

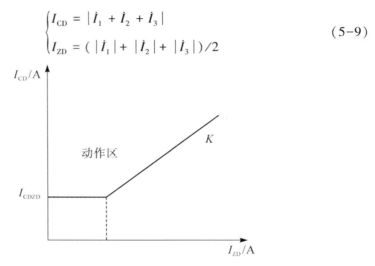

图5-3 三侧比率制动式电流差动保护动作特性曲线

5.2.3 T区保护

在进行T区保护功能调试时,可使用继电保护测试装置的通用型电流、电压菜单栏。设置继电保护测试装置电流栏两侧的电流相位相差180°,电流幅值的大小设置可根据表5-3所列的数据进行测试验证[17]。其中设置以T区的Ⅲ侧电流为基准。

(1) Ⅰ侧与Ⅲ侧校验

根据上述方法,T区保护Ⅰ侧与Ⅲ侧的校验如表5-2所列。

表5-2 Ⅰ侧与Ⅲ侧比率制动式电流差动保护测试数据1

电流名称	电流值/A		
	a点(起点)	b点(拐点)	c点
I_1	0	$I_{CDDZ}/K - I_{CDDZ}/2$	$(1-1/K)/2$

续表

电流名称	电流值/A		
	a 点(起点)	b 点(拐点)	c 点
I_3	I_{CDDZ}	$I_{CDDZ}/2 + I_{CDDZ}/K$	$(1+1/K)/2$
I_{CD}	I_{CDDZ}	I_{CDDZ}	1
I_{ZD}	$0.5I_{CDDZ}$	I_{CDDZ}/K	$1/K$

(2) Ⅱ侧与Ⅲ侧校验

根据上述方法,T 区保护Ⅱ侧与Ⅲ侧的校验结果如表 5-3 所列。

表 5-3 Ⅱ侧和Ⅲ侧比率制动式电流差动保护测试数据 1

电流名称	电流值/A		
	a 点(起点)	b 点(拐点)	c 点
I_2	0	$I_{CDDZ}/K - I_{CDDZ}/2$	$(1-1/K)/2$
I_3	I_{CDDZ}	$I_{CDDZ}/2 + I_{CDDZ}/K$	$(1+1/K)/2$
I_{CD}	I_{CDDZ}	I_{CDDZ}	1
I_{ZD}	$0.5I_{CDDZ}$	I_{CDDZ}/K	$1/K$

5.2.4 二侧比率制动式电流差动保护

当线路出线的隔离开刀闸断开时(线路刀闸断开时,刀闸位置触点闭合),投入二侧比率制动式电流差动保护。二侧比率差动保护与 T 区三侧比率差动保护的原理、动作方程基本相同,只是电流为二侧电流。在进行 T 区保护功能调试时,可使用继电保护测试装置的通用型电流、电压菜单栏。设置继电保护测试装置电流栏两侧的电流相位相差 180°,则Ⅰ侧与Ⅱ侧的校验结果如表 5-4 所列。

表 5-4 Ⅰ侧与Ⅱ侧比率制动式电流差动保护测试数据 1

电流名称	电流值/A		
	a 点(起点)	b 点(拐点)	c 点
I_1	0	$I_{CDDZ}/K - I_{CDDZ}/2$	$(1-1/K)/2$

电流名称	电流值/A		
	a 点（起点）	b 点（拐点）	c 点
I_2	I_{CDDZ}	$I_{CDDZ}/2+I_{CDDZ}/K$	$(1+1/K)/2$
I_{CD}	I_{CDDZ}	I_{CDDZ}	1
I_{ZD}	$0.5I_{CDDZ}$	I_{CDDZ}/K	$1/K$

5.2.5　过流保护

在进行过流保护调试的过程中，需要将过流保护的软压板、硬压板及控制字投入，即投入过流保护功能。

过流保护设置为两段式，动作方程如式（5-10）所示：

$$\begin{cases} I_{GL} > I_{GLDZ.n} \\ |\dot{I}_1 + \dot{I}_2 + \dot{I}_3| > 0.9 \times I_{GLDZ.n} \end{cases} \quad (5-10)$$

式中，I_{GL} 为线路 CT 的任一相电流，A；$I_{GLDZ.n}$ 为过流保护 Ⅰ 段或 Ⅱ 段电流定值，A，其中 n 为 Ⅰ 段或 Ⅱ 段[18]。

在进行过流保护校验时，可使用继电保护测试装置的通用型电流、电压栏，根据充电保护定值的大小加入相应电流，进行校验即可。

5.2.6　充电保护

在进行充电过流保护调试的过程中，需要将过流保护的软压板、硬压板及控制字投入，即投入过流保护功能。

线路充电保护功能投入后，任一相的电流均需满足动作方程式（5-11）：

$$|\dot{I}_1 + \dot{I}_2| > I_{CDBH} \quad (5-11)$$

式中，$\dot{I}_1$、$\dot{I}_2$ 分别为两个断路器的 CT 电流，A；I_{CDBH} 为充电保护电流定值，A[19,22]。

在进行充电保护校验时，可使用继电保护测试装置的通用型电流、电压栏，根据充电保护定值的大小加入相应电流，进行校验即可。

5.3　C 公司 PCS-922-G 系列短引线保护装置

PCS-922-G 系列是由微机实现的短引线保护装置，主要用作 3/2 接线方式下的短引线保护,也可兼用作线路的充电保护。

5.3.1　短引线差动保护

短引线差动保护由比率差动保护构成。当短引线保护功能压板投入,并且整定值中差动保护控制字为"1"时,短引线差动保护功能投入。

短引线差动保护的动作方程如式(5-12)所示:

$$\begin{cases} I_{CD} > I_{CDZD} \\ I_{CD} > K \cdot I_{ZD} \\ I_{CD} = |\dot{I}_{\varphi 1} + \dot{I}_{\varphi 2}| \\ I_{ZD} = |\dot{I}_{\varphi 1} - \dot{I}_{\varphi 2}| \end{cases} \tag{5-12}$$

式中,$\dot{I}_{\varphi 1}$、$\dot{I}_{\varphi 2}$ 分别为对应两组 CT 电流,A;K 为制动系数,固定取 0.75;I_{CDZD} 为差动保护动作的过流定值,A[34]。

①当 $I_{CD} \geqslant 1.3 I_n$ 时,若满足上述动作条件,则短引线差动保护瞬时动作;

②当 $I_{CD} < 1.3 I_n$ 时,若满足上述动作条件,则短引线差动保护 20 ms 后延时动作(考虑 CT 断线判别时间最长要一个周波)。

短引线差动保护动作特性曲线如图 5-4 所示:

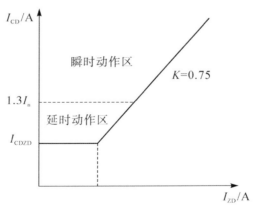

图 5-4　短引线差动保护动作特性曲线

在进行短引线保护功能调试时,可使用继电保护测试装置的通用型电流、电压菜单栏。设置继电保护测试装置电流栏两侧的电流相位相差 180°,电流幅值的大小设置可根据表 5-5 所列的数据进行测试验证。$K = 0.75$ 为固定值,可设置三个点(a、b、c),其中 a 点为起点,b 点为拐点,c 点为动作斜率上一点(动作值为 1.5 A)。

表 5-5　短引线保护功能校验测试数据 1

电流名称	电流值/A		
	a 点（起点）	b 点（拐点）	c 点
$I_{\varphi 1}$	$0.5I_{CDZD} \angle 0°$	$7/6I_{OP}$	1.75
$I_{\varphi 2}$	$0.5I_{CDZD} \angle 0°$	$1/6I_{OP}$	0.25
I_{CD}	I_{OP}	I_{OP}	1.50
I_{ZD}	0	$3/4I_{OP}$	2.00

注：① $I_{CD} \geqslant 1.3I_n$ 时，短引线差动动作时间约为 25 ms；当 $I_{CD} < 1.3I_n$ 时，短引线差动动作时间约为 50 ms。

②当零序启动元件的启动时间超过 12 s 时发 CT 断线告警信号，电流恢复正常后经 12 s 延时 CT 断线告警复归。

③进行分相差动试验时，注意 CT 断线闭锁差动，装置判别出 CT 断线后，若 $I_{CD} < 1.3I_n$，则闭锁保护装置出口。

5.3.2　充电过流保护

充电过流保护由两段和电流过流保护构成，通过短引线保护功能压板、过流保护 Ⅰ 段和过流保护 Ⅱ 段控制字进行保护功能投退，其动作方程如式（5-13）所示：

$$|\dot{I}_{\varphi 1} + \dot{I}_{\varphi 2}| > I_{PZD} \qquad (5-13)$$

式中，$\dot{I}_{\varphi 1}$、$\dot{I}_{\varphi 2}$ 为对应两组 CT 电流，A；I_{PZD} 为过流保护 Ⅰ 段或过流保护 Ⅱ 段电流整定值，A[23]。

充电过流保护试验过程中，在进行短引线保护功能调试时，可使用继电保护测试装置的通用型电流、电压菜单栏。充电过流保护 Ⅰ 段为瞬时动作，测试动作时间约为 25 ms；充电过流 Ⅱ 段经设定延时动作。

5.4　C 公司 PCS-924 系列 T 区保护装置

由微机实现的 PCS-924 系列 T 区保护装置，主要用作 3/2 接线方式下的 T 区保护。其由差动保护、两段出线过流保护和充电保护组成。当线路隔离刀闸合上时,T区保护采用三侧电流比率差动方式;当线路隔离刀闸打开时,投入二侧电流差动保护和线路侧的两段出线过流保护[37]。

5.4.1 三侧差动保护

三侧差动保护由比率差动保护构成。当差动保护投入时,若出线隔离刀闸闭合(隔离刀闸闭合时,其辅助接点打开),则投入三侧比率差动保护。

三侧比率差动保护的动作方程如式(5-14)所示:

$$\begin{cases} I_{CD} > I_{CDQD} \\ I_{CD} > K_{B1} \cdot I_{ZD} \\ I_{CD} = |\dot{I}_1 + \dot{I}_2 + \dot{I}_3| \\ I_{ZD} = (|\dot{I}_1| + |\dot{I}_2| + |\dot{I}_3|)/2 \end{cases} \quad (5-14)$$

式中,I_{CDQD} 为差动启动电流定值,A;K_{BL} 为比例制动系数;$\dot{I}_1$、$\dot{I}_2$、$\dot{I}_3$ 分别对应两个断路器及出线 CT 的电流,A[17,20]。

①当 $I_{CD} \geq 1.3I_n$ 时,若满足上述动作条件,则 T 区差动保护瞬时动作;

②当 $I_{CD} < 1.3I_n$ 时,若满足上述动作条件,则 T 区差动保护 20 ms 后延时动作(考虑 CT 断线判别时间最长要一个周波)。

T 区差动保护动作特性曲线如图 5-5 所示,图中 I_{CD} 为差动电流(A)、I_{ZD} 为制动电流(A)以及 I_{CDQD} 为差动启动电流定值(A)。

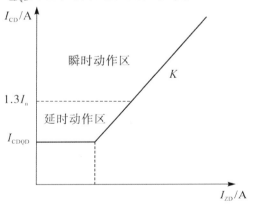

图 5-5 T区差动保护动作特性曲线

5.4.2 T区保护

在进行 T 区保护功能调试时,可使用继电保护测试装置的通用型电流、电压菜单栏。设置继电保护测试装置电流栏两侧的电流相位相差 180°,电流幅值的大小设置可根据表 5-6、表 5-7 所列的数据进行测试验证[32]。设置以 T 区的Ⅲ侧电流为基准。由于 CT 变比不同,因此计算值 I_1、I_2 要乘以变比系数。

(1) T 区保护 I 侧与Ⅲ侧校验

根据上述方法,对 T 区保护 I 侧与Ⅲ侧进行校验,结果如表 5-6 所列。

表 5-6　I 侧与Ⅲ侧比率制动式电流差动保护测试数据 2

电流名称	电流值/A		
	a 点(起点)	b 点(拐点)	c 点
I_1	0	$I_{CDQD}/K - I_{CDQD}/2$	$(1-1/K)/2$
I_3	I_{CDQD}	$I_{CDQD}/2 + I_{CDQD}/K$	$(1+1/K)/2$
I_{CD}	I_{CDQD}	I_{CDQD}	1
I_{ZD}	$0.5I_{CDQD}$	I_{CDQD}/K	$1/K$

(2) T 区保护 II 侧与Ⅲ侧校验

根据上述方法,对 T 区保护 II 侧与Ⅲ侧进行校验,结果如表 5-7 所列。

表 5-7　II 侧与Ⅲ侧比率制动式电流差动保护测试数据 2

电流名称	电流值/A		
	a 点(起点)	b 点(拐点)	c 点
I_2	0	$I_{CDQD}/K - I_{CDQD}/2$	$(1-1/K)/2$
I_3	I_{CDQD}	$I_{CDQD}/2 + I_{CDQD}/K$	$(1+1/K)/2$
I_{CD}	I_{CDQD}	I_{CDQD}	1
I_{ZD}	$0.5I_{CDQD}$	I_{CDQD}/K	$1/K$

5.4.3　二侧差动保护

当线路出线的隔离开刀闸断开时(线路刀闸断开时,刀闸位置触点闭合),投入二侧比率制动式电流差动保护。二侧比率差动保护与 T 区三侧比率差动保护的原理、动作方程基本相同,只是电流为两侧电流。在进行 T 区保护功能调试时,可使用继电保护测试装置的通用型电流、电压菜单栏[37]。设置继电保护测试装置电流栏两侧的电流相位相差 180°。Ⅰ侧与Ⅱ侧的差动校验结果如表 5-8 所列。

表 5-8 Ⅰ侧与Ⅱ侧比率制动式电流差动保护测试数据 2

电流名称	电流值/A		
	a 点(起点)	*b* 点(拐点)	*c* 点
I_1	0	$I_{\text{CDQD}}/K - I_{\text{CDQD}}/2$	$(1-1/K)/2$
I_2	I_{CDQD}	$I_{\text{CDQD}}/2 + I_{\text{CDQD}}/K$	$(1+1/K)/2$
I_{CD}	I_{CDQD}	I_{CDQD}	1
I_{ZD}	$0.5I_{\text{CDQD}}$	I_{CDQD}/K	$1/K$

5.4.4 过流保护

过流保护设置两段电流过流保护,过流保护功能压板和控制字均投入,且出线隔离刀闸打开(隔离刀闸打开时,其辅助接点闭合),过流保护功能投入,其动作方程如式(5-15)所示:

$$\begin{cases} I_{3\max} > I_{\text{GLZD}} \\ I_{\text{SCDmax}} > I_{\text{CDQD}} \end{cases} \tag{5-15}$$

式中, $I_{3\max}$ 为线路 CT 三相电流中的最大相电流,A; I_{GLZD} 为过流保护电流整定值,A; I_{SCDmax} 为 T 区三侧差动电流最大相电流幅值,A; I_{CDQD} 为差动动作电流定值,A[33]。

当 $I_{3\max}$ 大于过流保护Ⅰ、Ⅱ段电流定值时,经过流保护Ⅰ、Ⅱ段时间定值延时启动远跳回路。在进行过流保护校验时,可使用继电保护测试装置的通用型电流、电压栏,根据充电保护定值的大小加入相应电流,进行校验即可。

5.4.5 充电保护

线路的充电保护由线路和电流(T 区两断路器电流的和电流)过流保护构成,通过充电保护投入压板及充电保护投入控制字控制,其动作方程如式(5-16)所示:

$$\max(|\dot{I}_1 + \dot{I}_2|) > I_{\text{CHZD}} \tag{5-16}$$

式中, $\dot{I}_1$、$\dot{I}_2$ 分别为两个断路器的 CT 电流,A; I_{CHZD} 为充电保护电流定值,A[33]。

在进行充电保护校验时,可使用继电保护测试装置的通用型电流、电压菜单栏,根据充电保护定值的大小加入相应电流,进行校验即可。

5.5　B 公司 PSL608 数字式短引线保护装置

PSL608 主要用于3/2 电气主接线方式下的短引线保护,也可以作为 T 区接线和线路保护使用。T 区接线采用三侧电流比率差动方式。短引线保护在隔离开关打开时投入,同时控制字位 0 选择差动投入;T 区接线保护由 T 区接线功能压板投入[14]。

5.5.1　短引线差动保护

短引线差动保护由比率差动保护构成。当短引线保护功能压板投入,并且整定值中差动保护控制字为"1"时, 短引线差动保护功能投入。

短引线差动保护的动作方程如式(5-17)所示:

$$\begin{cases} |I_1 + I_2| \geq I_{CD} \\ \max(|I_1|, |I_2|) \geq I_{CD} \\ |I_1 + I_2| - I_{CD} \geq K \cdot [\max(|I_1|, |I_2|) - I_{CD}] \end{cases} \qquad (5-17)$$

式中, I_1、I_2 对应两组 CT 电流,A;K 为制动系数;I_{CD} 为差动保护动作的电流定值,A;I_{ZD} 为差动保护制动电流定值,A[33]。

5.5.2　T 区接线差动保护

T 区接线构成为三侧差动保护,由比率差动保护构成。当差动保护投入时,若出线隔离刀闸闭合(隔离刀闸闭合时,其辅助接点打开),则投入三侧比率差动保护,其动作方程如式(5-18)所示:

$$\begin{cases} |I_1 + I_2 + I_3| \geq I_{CD} \\ \max(|I_1|, |I_2|, |I_3|) \geq I_{ZD} \\ |I_1 + I_2 + I_3| - I_{CD} \geq K \cdot [\max(|I_1|, |I_2|, |I_3|) - I_{ZD}] \end{cases} \qquad (5-18)$$

式中, I_1 为 I 侧电流, I_2 为 II 侧电流, I_3 为 III 侧电流,A;K 为制动系数; I_{CD} 为差动保护动作的电流定值,A; I_{ZD} 为差动保护制动电流定值,A[33]。

T 区接线差动保护动作特性曲线如图 5-6 所示,图中 I_D 为差动电流、I_Z 为制动电流、I_{ZD} 为拐点电流、I_{CD} 为差动启动电流定值,A。

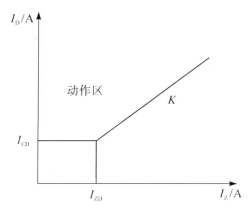

图 5-6　T 区接线差动保护动作特性曲线

注：I_Z 为制动电流，I_D 为差动动作电流。

5.5.3　短引线保护校验

在进行短引线保护功能调试时，可使用继电保护测试装置的通用型电流、电压菜单栏。设置继电保护测试装置电流栏两侧的电流相位相差 180°，电流幅值的大小设置可根据表 5-9 所列的数据进行测试验证。

按短引线差动保护动作方程式 (5-16) 解析：

①当 $I_Z < I_{ZD}$ 时，设定 $I_1 > I_2$，$I_1 = I_{ZD}$，$I_2 = I_{ZD} - I_{CD}$（$I_D \leqslant I_{CD}$，$I_Z \leqslant I_{ZD}$）；

②当 $I_Z \geqslant I_{ZD}$ 时，设定 $I_D = 1$（c 点），$I_D = K \cdot (I_Z - I_{ZD}) + I_{CD}$，可形成表 5-9 中 c 点的数据。

表 5-9　短引线保护功能校验测试数据 2

电流名称	电流值/A		
	a 点（起点）	b 点（拐点）	c 点（曲线）
I_1	0	I_{ZD}	$(K \cdot I_{ZD} - I_{CD} + 1)/K - 1$
I_2	I_{CD}	$I_{ZD} - I_{CD}$	$(K \cdot I_{ZD} - I_{CD} + 1)/K$
I_D	I_{CD}	I_{CD}	1
I_Z	I_{CD}	I_{ZD}	$(K \cdot I_{ZD} - I_{CD} + 1)/K$

5.5.4　T 区保护校验

在进行短引线保护功能调试时，可使用继电保护测试装置的通用型电流、电压菜单栏。设置继电保护测试装置电流栏两侧的电流相位相差180°，以Ⅲ侧电流为基准，由于 CT 变比不同，因此计算值 I_1、I_2 要乘以变比系数。电流幅值的大小设置可根据表5-9所列的数据进行测试验证。

（1）T 区保护 Ⅰ 侧与 Ⅲ 侧校验

按 T 区保护差动保护动作方程式（5-17）解析：

①当 $I_Z < I_{ZD}$ 时，设定 $I_1 > I_3$，$I_1 = I_{ZD}$，$I_2 = I_{ZD} - I_{CD}$（$I_D \leqslant I_{CD}$，$I_Z \leqslant I_{ZD}$）。

②当 $I_Z \geqslant I_{ZD}$ 时，设定 $I_D = 1$（c 点），$I_D = K \cdot (I_Z - I_{ZD}) + I_{CD}$，可形成表5-10中 c 点的数据。

表 5-10　T 区保护功能校验测试数据 1

电流名称	电流值/A		
	a 点（起点）	b 点（拐点）	c 点
I_1	0	I_{ZD}	$(K \cdot I_{ZD} - I_{CD} + 1)/K - 1$
I_3	I_{CD}	$I_{ZD} - I_{CD}$	$(K \cdot I_{ZD} - I_{CD} + 1)/K$
I_D	I_{CD}	I_{CD}	1
I_Z	I_{CD}	I_{ZD}	$(K \cdot I_{ZD} - I_{CD} + 1)/K$

（2）Ⅱ 侧与 Ⅲ 侧差动

按 T 区保护差动保护动作方程式（5-17）解析：

①当 $I_Z < I_{ZD}$ 时，设定 $I_2 > I_3$，$I_1 = I_{ZD}$，$I_2 = I_{ZD} - I_{CD}$（$I_D \leqslant I_{CD}$，$I_Z \leqslant I_{ZD}$）；

②当 $I_Z \geqslant I_{ZD}$ 时，设定 $I_D = 1$（c 点），$I_D = K \cdot (I_Z - I_{ZD}) + I_{CD}$，可形成表5-11中 c 点的数据。

表 5-11　T 区保护功能校验测试数据 2

电流名称	电流值/A		
	a 点（起点）	b 点（拐点）	c 点
I_2	$0.5 I_{CD}$	I_{ZD}	$(K \cdot I_{ZD} - I_{CD} + 1)/K - 1$
I_3	$0.5 I_{CD}$	$I_{ZD} - I_{CD}$	$(K \cdot I_{ZD} - I_{CD} + 1)/K$
I_D	I_{CD}	I_{CD}	1

电流名称	电流值/A		
	a 点(起点)	b 点(拐点)	c 点
I_Z	0	I_{ZD}	$(K \cdot I_{ZD} - I_{CD} + 1)/K$

5.5.5 过流保护

过流保护设置两段电流过流保护,过流保护功能压板和控制字均投入,且出线隔离刀闸打开(隔离刀闸打开时,其辅助接点闭合),过流保护功能投入,其动作方程如式(5-19)所示:

$$I_1 > I_{GLset} \tag{5-19}$$

式中,I_1 为线路 CT 三相电流中的最大相电流,A;I_{GLset} 为过流保护电流整定值,A[33]。

在进行过流保护校验时,可使用继电保护测试装置的通用型电流、电压栏,根据充电保护定值的大小加入相应电流,进行校验即可。

5.5.6 充电保护

充电保护为带时限的无方向电流保护,若充电保护启动后,在时限内范围内,故障消失,则保护返回,其动作方程如式(5-20)所示:

$$\begin{cases} |\max\{I_1, I_2, I_3\}| > I_{ZD} \\ T > T_{ZD} \end{cases} \tag{5-20}$$

式中,$\max\{I_1, I_2, I_3\}$ 为三侧 CT 三相电流中的最大相电流,A;I_{ZD} 为充电保护电流定值,A;T_{ZD} 为充电保护电流定值,A;T 为满足式(5-20)中实际的动作时限[33]。

在进行充电保护校验时,可使用继电保护测试装置的通用型电流、电压菜单栏,根据充电保护定值的大小,在三侧分别单侧加入相应电流进行校验即可。

5.6 D 公司 WYH-881A 微机短引线及 T 区保护装置

WYH-881A 主要用作 3/2 接线的短引线及 T 区保护,并可兼用作线路的充电保护,T 区接线采用三侧电流比率差动方式。短引线保护在隔离开关打开时投入,同时控制字位 0 选择差动投入;T 区接线保护由 T 区接线功能压板投入。

5.6.1 差动保护

对于 WYH-881A 保护装置,短引线保护软、硬压板都投入时,若线路刀闸辅助接点闭合(线路刀闸断开时,接点闭合),则短引线两端差动保护投入;保护启动后,采用母线侧或边断路器 CT 和中间断路器侧 CT 的电流进行两侧分相差动[38]。

当 WYH-881A 接有出线侧 TA 时,若线路刀闸辅助接点打开(线路刀闸闭合时,接点打开),则短引线 T 区保护(三端差动保护)投入。若 T 区保护动作,则给远方发信,使出线另一侧也可跳闸。差流启动元件的判据为差流大于 $1.2I_n$,其动作方程如式(5-21)所示:

$$\begin{cases} I_d > I_{OP} \\ I_d > K \cdot I_r \end{cases} \quad (5-21)$$

式中,I_d 为动作电流,A; I_r 为制动电流,A; I_{OP} 为差动电流定值,A; K 为比率制动系数值。

①两端比率差动的差动电流、制动电流及斜率如式(5-22)所示[33]:

$$\begin{cases} I_d = |I_{\varphi m} + I_{\varphi n}| \\ I_r = |I_{\varphi m} - I_{\varphi n}| \\ K = 0.75 \end{cases} \quad (5-22)$$

式中,$I_{\varphi m}$、$I_{\varphi n}$ 为对应 m 端和 n 端断路器 CT 的相电流,A; K 为比率制动系数值,固定为 0.75。

②三端比率差动的差动电流、制动电流及斜率如式(5-23)所示:

$$\begin{cases} I_d = |I_{\varphi m} + I_{\varphi n} + I_{\varphi t}| \\ I_r = \max\{|I_{\varphi m}| + |I_{\varphi n}| + |I_{\varphi t}|\} \\ K = 0.5 \end{cases} \quad (5-23)$$

式中,$I_{\varphi m}$、$I_{\varphi n}$、$I_{\varphi t}$ 分别为对应 m 端、n 端以及出线 t 端断路器 CT 的相电流; K 为比率制动系数值,固定值 0.5[28]。

短引线和 T 区差动保护动作特性曲线如图 5-7 所示,图中 I_d 为差动电流、I_r 为制动电流、I_{OP} 为差动启动电流定值,A。

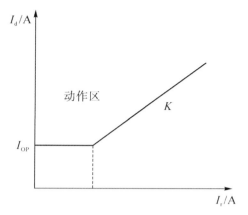

图 5-7　短引线和 T 区差动保护动作特性曲线

5.6.2　短引线保护校验

在进行短引线保护功能调试时,可使用继电保护测试装置的通用型电流、电压菜单栏。设置继电保护测试装置电流栏两侧的电流相位相差 $180°$,电流幅值的大小设置可根据表 5-12 所列的数据进行测试验证。

按短引线差动保护动作方程式(5-22)解析,设定 $I_{\varphi m} \geqslant I_{\varphi n}$。

①a 点参数,$I_{\varphi m} = 0.5 I_{OP} \angle 0°$,$I_{\varphi n} = 0.5 I_{OP} \angle 0°$;

②b 点参数,由于斜率为 0.75,且曲线为过原点的直线,因此可形成表 5-12 中 b 点的数据;

③c 点参数,设定 $I_d = 1.5$,可形成表 5-12 中 c 点的数据。

表 5-12　短引线保护功能校验测试数据 3

电流名称	电流值/A		
	a 点(起点)	b 点(拐点)	c 点
$I_{\varphi m}$	$0.5 I_{OP} \angle 0°$	$7/6 I_{OP}$	1.75
$I_{\varphi n}$	$0.5 I_{OP} \angle 0°$	$1/6 I_{OP}$	0.25
I_d	I_{OP}	I_{OP}	1.50
I_r	0	$3/4 I_{OP}$	2.00

5.6.3　T 区保护校验

在进行 T 区保护功能调试时,可使用继电保护测试装置的通用型电流、电压菜单栏。设置继电保护测试装置电流栏两侧的电流相位相差180°,电流幅值的大小设置可根据表5-13、表5-14所列的数据进行测试验证。

(1)T区保护m侧与t侧校验

按T区保护差动保护动作方程式(5-23)解析,设定$I_{\varphi m} \geqslant I_{\varphi n}$:

①a点参数, $I_{\varphi m} = 0.5I_{OP} \angle 0°$, $I_{\varphi n} = 0.5I_{OP} \angle 0°$;

②b点参数,由于斜率为0.5,且曲线为过原点的直线,因此可形成表5-13中b点的数据;

③c点参数,设定$I_d = 1.5$,可形成表5-13中c点的数据。

表5-13 T区保护功能校验测试数据3

电流名称	电流值/A		
	a点(起点)	b点(拐点)	c点
$I_{\varphi m}$	$0.5I_{OP} \angle 0°$	$0.5I_{OP}$	0.75
$I_{\varphi t}$	$0.5I_{OP} \angle 0°$	$1.5I_{OP}$	2.25
I_d	I_{OP}	I_{OP}	1.50
I_r	0	$3/4 I_{OP}$	3.00

(2)T区保护n侧与t侧校验

按T区保护差动保护动作方程式(5-23)解析,设定$I_{\varphi n} \geqslant I_{\varphi t}$:

① a点参数$I_{\varphi n} = 0.5I_{OP} \angle 0°$, $I_{\varphi t} = 0.5I_{OP} \angle 0°$;

② b点参数,由于斜率为0.5,且曲线为过原点的直线,因此可形成表5-14中b点的数据;

③ c点参数,设定$I_d = 1.5$,可形成表5-14中c点的数据。

表5-14 T区保护功能校验测试数据4

电流名称	电流值/A		
	a点(起点)	b点(拐点)	c点
$I_{\varphi n}$	$0.5I_{OP} \angle 0°$	$0.5I_{OP}$	0.75
$I_{\varphi t}$	$0.5I_{OP} \angle 0°$	$1.5I_{OP}$	2.25

电流名称	电流值/A		
	a 点(起点)	b 点(拐点)	c 点
I_{d}	I_{OP}	I_{OP}	1.50
I_{r}	0	$3/4\,I_{\mathrm{OP}}$	3.00

5.6.4　过流保护

WYH-881A/H 接入两侧断路器 CT 的和电流,设置两段和电流相的过流组成,其原理按相构成,过流保护设置两段电流过流保护,过流保护功能压板和控制字均投入,且出线隔离刀闸打开(隔离刀闸打开时,其辅助接点闭合),过流保护功能投入,其动作方程如式(5-24)所示:

$$|I_{\varphi}| > I_{\mathrm{PZD}} \tag{5-24}$$

式中,I_{φ} 为两侧断路器的和电流,A;I_{PZD} 为过流保护电流整定值,A[15,33]。

和电流过流 I 段瞬时动作,动作时间约为 25 ms,II 段经整定延时动作。

在进行过流保护校验时,可使用继电保护测试装置的通用型电流、电压菜单栏,根据充电保护定值的大小加入相应电流,进行校验即可。

5.6.5　充电保护

线路的充电保护由按相构成的两段两时限相过流和一段零序过流组成,充电保护的软、硬压板都投入时投入。其动作方程如式(5-25)所示:

$$|I_{\varphi}| > I_{\mathrm{PZD}} \tag{5-25}$$

式中,I_{φ} 为相电流或零序电流,A;I_{PZD} 为充电保护电流定值,A[12,28,33]。

在进行充电保护校验时,可使用继电保护测试装置的通用型电流、电压菜单栏,根据充电保护定值的大小,三侧分别单侧加入相应电流进行校验即可。

6 变压器保护

电力系统中广泛使用的变压器保护型号主要有 B 公司的 WBZ-500H 型、PST-1200 型、SG-756 型，以及 C 公司的 RCS-978 型。其中 B 公司的 3 种型号在差动保护的计算和补偿方式上都是一样的。本章节主要通过对 B 公司的 WBZ-500H 型和 C 公司的 RCS-978 型保护装置的解析来阐述变压器保护。

6.1 B 公司 WBZ-500H 型变压器保护

6.1.1 主保护

无论是哪一种型号的差动保护，对各侧的二次额定电流的计算都是一样的。差动电流、制动电流的换算都是以此为基础的。我们以一台容量为 360 000 kVA 的 330 kV 电压等级自耦式变压器为例来演示它们的换算，此自耦式变压器的铭牌参数如表 6-1 所列。

表 6-1 自耦式变压器的铭牌参数

参数	高压侧	中压侧	低压侧	备注
容量 S/kVA	360 000	360 000	360 000	各侧容量视为一样
额定电压 U_e/kV	345	121	35	以铭牌为准
一次额定电流 I_e/A	602.5	1 717.8	5 938.6	$I_e = S/(\sqrt{3} \cdot U_e)$
TA 变比 N	1 200/1	3 000/1	1 500/1	—
二次额定电流 I_{e2}/A	0.502	0.573	3.960	$I_{e2} = I_e/N$

西北电力系统常用的变压器组别大多数为 Y/Y/△-11，而 TA 二次接线也普遍采用全星形接线方式。我们就以此为前提进行下一步讨论。

(1) 差动速断及比率差动

我们整定装置内部控制字 D_{12} 为 0，即确认 TA 二次全星形接线方式。按照上面算得的二次额定电流值整定相应定值。那么以 A 相为例的差动速断及比率差动的动作方程如式(6-1)所示：

$$\dot{I}_{dA} = (\dot{I}_{AH} - \dot{I}_{BH}) \cdot K_H/1.732 + (\dot{I}_{AM} - \dot{I}_{BM}) \cdot K_M/1.732 + \dot{I}_{AL} \cdot K_L \quad (6\text{-}1)$$

式(6-1)中平衡系数的计算原则为：高压侧系数设为 1，其他侧为高压侧与该侧二次额定电流的比值[39]。则式(6-1)中各侧系数的计算如下：

$$\begin{cases} K_H = 1 \\ K_M = I_{e2H}/I_{e2M} = 0.502/0.573 = 0.88 \\ K_L = I_{e2H}/I_{e2L} = 0.502/3.96 = 0.126 \end{cases} \quad (6\text{-}2)$$

设各侧的差动计算电流分别为

$$\begin{cases} \dot{I}_H = (\dot{I}_{AH} - \dot{I}_{BH}) \cdot K_H/1.732 \\ \dot{I}_M = (\dot{I}_{AM} - \dot{I}_{BM}) \cdot K_M/1.732 \\ \dot{I}_L = \dot{I}_{AL} \cdot K_L \end{cases} \quad (6\text{-}3)$$

则式(6-3)可简化为 $\dot{I}_{dA} = \dot{I}_H + \dot{I}_M + \dot{I}_L$，比率差动的制动公式为 $\dot{I}_{rA} = 0.5 \cdot (\dot{I}_H + \dot{I}_M + \dot{I}_L)$。

对于保护功能的验证，从上面的数据来看，模拟起来的确比较麻烦。厂家的调试大纲上提供了一种比较简单的方法，就是将各侧的二次额定电流值都整定为 1 A，各侧平衡系数都变为 1。基于此来进行差动速断及比率差动门槛的校验。

考虑保护本身对变压器接线组别及 CT 二次接线方式的补偿，在进行单相试验时，电流的施加应按照下面的方式进行：以 A 相为例，高压侧及中压侧 A 相加单相电流 $\dot{I}_A$，从极性端进，从非极性端出，回继电保护测试仪的 N 端。低压侧 A 相加单相电流 $\dot{I}_A$，C 相加反向等大补偿电流，即电流从 A 相极性端进，从 C 相极性端出，回继电保护测试仪的 N 端。

(2) 差动速断及比率差门槛的校验

设差动速断定值 $I_{SD} = 1$ A，则各侧单相实加动作电流应为

$$\begin{cases} \dot{I}_{AH} = \dot{I}_{H} \cdot 1.732/K_{H} = I_{SD} \cdot 1.732/K_{H} = 1.732 \\ \dot{I}_{AM} = \dot{I}_{M} \cdot 1.732/K_{M} = I_{SD} \cdot 1.732/K_{M} = 1.732 \\ \dot{I}_{AL} = \dot{I}_{L}/K_{L} = I_{SD}/K_{L} = 1 \end{cases} \tag{6-4}$$

若套用上面的示例数据,则为

$$\begin{cases} \dot{I}_{AH} = \dot{I}_{H} \cdot 1.732/K_{H} = I_{SD} \cdot 1.732/1 = 1.732 \\ \dot{I}_{AM} = \dot{I}_{M} \cdot 1.732/K_{M} = I_{SD} \cdot 1.732/0.88 = 1.968 \\ \dot{I}_{AL} = \dot{I}_{L}/K_{L} = I_{SD}/0.126 = 7.937 \end{cases} \tag{6-5}$$

设比率差动定值 $I_{DZ} = 0.5$ A,则各侧单相实加动作电流应为

$$\begin{cases} \dot{I}_{AH} = \dot{I}_{H} \cdot 1.732/K_{H} = I_{DZ} \cdot 1.732/K_{H} = 0.866 \\ \dot{I}_{AM} = \dot{I}_{M} \cdot 1.732/K_{M} = I_{DZ} \cdot 1.732/K_{M} = 0.866 \\ \dot{I}_{AL} = \dot{I}_{L}/K_{L} = I_{DZ}/K_{L} = 0.5 \end{cases} \tag{6-6}$$

若套用上面的示例数据,则为

$$\begin{cases} \dot{I}_{AH} = \dot{I}_{H} \cdot 1.732/K_{H} = I_{DZ} \cdot 1.732/1 = 0.866 \\ \dot{I}_{AM} = \dot{I}_{M} \cdot 1.732/K_{M} = I_{DZ} \cdot 1.732/0.88 = 0.984 \\ \dot{I}_{AL} = \dot{I}_{L}/K_{L} = I_{DZ}/0.126 = 3.969 \end{cases} \tag{6-7}$$

(3) 比率差动比率制动曲线的验证

验证比率制动曲线时需要给保护的两侧加电流,考虑补偿,单相试验时应按照上面所说的补偿接线方式进行。

无论是用电流、电压菜单,还是用差动菜单,输入保护两侧的电流都要相差180°。

整定 $I_{DZ} = 0.5$ A,拐点 $I_{p} = 0.5$ A,比率制动系数 $K = 0.5$,则比率差动保护动作特性曲线如图6-1所示。

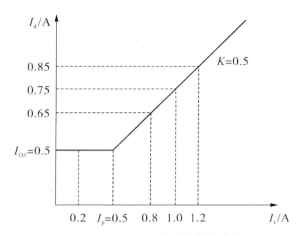

图 6-1 比率差动保护动作特性曲线 1

根据差动公式和制动公式以及比率制数的公式

$$K = \Delta I_\mathrm{d} / \Delta I_\mathrm{r} \qquad (6-8)$$

可以推算出斜线上任一点的差动电流

$$I_\mathrm{d} = K \cdot (I_\mathrm{r} - I_\mathrm{p}) + I_\mathrm{DZ} \qquad (6-9)$$

进一步得出下面的几组数据,如表 6-2 所列。

表 6-2 差动、制动电流计算示例   单位:A

序号	I_r	$I_\mathrm{d} = 0.5 \cdot I_\mathrm{r} + 0.25$	$I_1 = 0.5 \cdot I_\mathrm{d} + I_\mathrm{r}$	$I_2 = I_1 - I_\mathrm{d}$
1	0.2	0.50(此点除外)	0.450	−0.050
2	0.5	0.50	0.750	0.250
3	0.8	0.65	1.125	0.475
4	1.0	0.75	1.375	0.625
5	1.2	0.85	1.625	0.775

若对高压侧和中压侧进行试验,则高压侧套用 I_1 的数据,中压侧套用 I_2 的数据,结合式(6-10)可以得出一组数据(表 6-3)。

$$\begin{cases} \dot{I}_\mathrm{AH} = \dot{I}_\mathrm{H} \cdot 1.732 / K_\mathrm{H} \\ \dot{I}_\mathrm{AM} = \dot{I}_\mathrm{M} \cdot 1.732 / K_\mathrm{M} \end{cases} \qquad (6-10)$$

同样,在高对低的试验中,低压侧套用 I_2 的数据,结合公式 $\dot{I}_\mathrm{AL} = \dot{I}_\mathrm{L} / K_\mathrm{L}$ 也可以得出一组数据[35](表 6-3)。

表 6-3　高压、中压、低压侧施加电流计算示例　　　　单位：A

序号	I_r	I_d	I_1	I_2	$\dot{I}_{AH} = \dot{I}_1 \cdot 1.732/K_H$	$\dot{I}_{AM} = \dot{I}_2 \cdot 1.732/K_M$	$\dot{I}_{AL} = \dot{I}_2/K_L$
1	0.2	0.50	0.45	-0.05	0.78	-0.10	0.40
2	0.5	0.50	0.750	0.250	1.30	0.49	1.98
3	0.8	0.65	1.125	0.475	1.95	0.93	3.77
4	1.0	0.75	1.375	0.625	2.38	1.23	4.96
5	1.2	0.85	1.625	0.775	2.81	1.53	6.15

输入验证，应该满足误差。

（4）谐波制动

用谐波菜单，加单相电流，若谐波比例超过定值，则应该不动；若降低谐波比例，则保护动作。

（5）差流越限

退出 CT 断线检测控制字，加单侧单相电流。差流越限电流为 $40\% \cdot I_{DZ}$，此例中即 0.2 A。根据公式

$$\begin{cases} \dot{I}_{AH} = 0.2 \cdot 1.732/K_H \\ \dot{I}_{AM} = 0.2 \cdot 1.732/K_M \\ \dot{I}_{AL} = 0.2/K_L \end{cases} \tag{6-11}$$

计算各侧应施加电流量，然后进行试验。

（6）CT 断线闭锁差动

投 CT 断线检测控制字，即设控制字 = 2440。设差动定值 $I_{DZ} = 0.15$ A，高压侧二次额定电流 $I_{e2H} = 0.5$ A。

在高压侧加三相对称电流 0.13 A，保护启动后，按复位键；突降 A 相电流到零（对于继电保护测试仪，可以直接拔出 A 相试验线），保护装置报"电流断线"；突变 C 相电流到 0.45 A，保护不动作。闭锁有效。

再直接加 $\dot{I}_A = 0.13$ A $\angle 0°$、$\dot{I}_B = 0.13$ A $\angle -120°$、$\dot{I}_C = 0.45$ A $\angle 120°$，则保护动作。与上一步对比，再次证明上一步闭锁有效。

（7）分差保护

WBZ-500H 的分差保护实际上是对自耦变的大线圈的保护,相关的有高压侧、中压侧、公共绕组侧三侧。它的计算与各侧容量及电压等级无关,只与各侧的 CT 变比有关[40]。设公共绕组侧的 CT 变比为 1200/1。

以 A 相为例,方程如式(6-12)所示:

$$\dot{I}_{dA} = \dot{I}_{AH} \cdot K_H + \dot{I}_{AM} \cdot K_M + \dot{I}_{AN} \cdot K_N \qquad (6-12)$$

式中,平衡系数 $K_H = 1$；$K_M = CT_M / CT_H = 3000/1200 = 2.5$；$K_N = CT_N / CT_H = 1200/1200 = 1$。设各侧的分差计算电流如下:

$$\begin{cases} \dot{I}_H = \dot{I}_{AH} \cdot K_H \\ \dot{I}_M = \dot{I}_{AM} \cdot K_M \\ \dot{I}_N = \dot{I}_{AN} \cdot K_N \end{cases} \qquad (6-13)$$

则式(6-12)可简化为 $\dot{I}_{dA} = \dot{I}_H + \dot{I}_M + \dot{I}_N$。

分差的制动公式为 $\dot{I}_{rA} = 0.5 \cdot (\dot{I}_H + \dot{I}_M + \dot{I}_N)$,对于门槛和制动曲线的校验,与比率差动一样,只不过加量时只需要加单相,而且都是 A 进 N 出,不需要补偿。在计算实加电流时,要用式(6-14):

$$\begin{cases} \dot{I}_{AH} = \dot{I}_H / K_H \\ \dot{I}_{AM} = \dot{I}_M / K_M \\ \dot{I}_{AN} = \dot{I}_N / K_N \end{cases} \qquad (6-14)$$

式中,$\dot{I}_H$、$\dot{I}_M$ 或 $\dot{I}_N$ 分别对应加在两侧的计算电流 $\dot{I}_1$、$\dot{I}_2$ [40]。

整定 $I_{dF} = 0.5$ A,拐点 $I_{pf} = 0.5$ A,比率制动系数 $K_f = 0.5$,则有以下数据(表6-4)。

表 6-4　差分保护计算数据　　　　　　　单位:A

序号	I_r	I_d	I_1	I_2	$\dot{I}_{AH} = \dot{I}_1/K_H$	$\dot{I}_{AM} = \dot{I}_2/K_M$	$\dot{I}_{AN} = \dot{I}_2/K_N$
1	0.2	0.50	0.450	-0.050	0.450	0.02	-0.050
2	0.5	0.50	0.750	0.250	0.750	0.10	0.250
3	0.8	0.65	1.125	0.475	1.125	0.19	0.475
4	1.0	0.75	1.375	0.625	1.375	0.25	0.625

序号	I_r	I_d	I_1	I_2	$\dot{I}_{AH} = \dot{I}_1/K_H$	$\dot{I}_{AM} = \dot{I}_2/K_M$	$\dot{I}_{AN} = \dot{I}_2/K_N$
5	1.2	0.85	1.625	0.775	1.625	0.31	0.775

6.1.2　后备保护

在主变后备保护的校验中,除了过激磁保护外,其他所有模块都有整定跳闸逻辑的功能,所以对跳闸逻辑的校验就成为后备保护校验最为重要的工作。

在校验跳闸逻辑时,我们一般将保护各个出口单元的动作接点都分别引回一副,到继电保护测试仪开入端进行检测。对于一种保护功能的不同延时段的跳闸逻辑,从接点的动作先后顺序就可以看出。

(1)过激磁保护

本保护过激磁倍数的基准电压是 60 V,检测单相电压,保护动作跳主变三侧[41]。模拟时,投控制字 KGXJ=2000,高压侧加单相电压,若超过定值,则经过延时后保护动作。

(2)阻抗保护

①高压侧阻抗保护。

高压侧阻抗保护的方向指向主变时,控制字 KGFX 中对应的方向位为 0,动作区间如图 6-2(a)所示;高压侧阻抗保护的方向指向母线时,控制字 KGFX 中对应的方向位为 1,动作区间如图 6-2(b)所示。

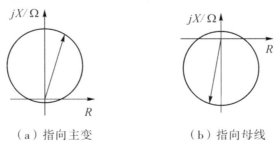

（a）指向主变　　　　　　（b）指向母线

图 6-2　阻抗保护动作特性方程图 1

投相应高阻抗硬压板,投 KGXJ 控制字中相应位。扫描动作区间时,宜只投一项功能,一段延时。整组菜单用相间故障。延时足够让所选段保护动作。高阻抗一般先跳中压侧母联,再跳主变中压侧,最后跳主变三侧[41]。

②中压侧阻抗保护。

与高压侧阻抗保护一样,受方向控制字 KGFX 控制动作区间,规律也同高压侧阻抗保护。跳闸逻辑也通常先跳中压侧母联,再跳主变中压侧,最后跳主变三侧[42]。

(3)方向零序保护

①高压侧方向零序保护。

高压侧方向零序保护的方向指向主变时,控制字 KGFX 中对应的方向位为0,动作区间如图 6-3(a)所示;高压侧方向零序保护的方向指向母线时,控制字 KGFX 中对应的方向位为1,动作区间如图 6-3(b)所示。

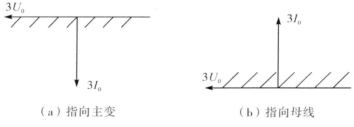

（a）指向主变　　　　　　　　（b）指向母线

图 6-3　方向零序保护方向元件的动作特性图 1

根据笔者的经验,扫描零序保护的动作区间用整组菜单更为方便。在整组菜单中选择单相接地故障,故障阻抗角的值取反就是零序电流的角度,而零序电压的角度可以始终视为 180°。需要注意的是,一般情况下,零序保护的 $3U_0$ 是自产的,只有当 PT 断线时,保护才自动转为由外接 $3U_0$ 来判别零序方向。模拟方法如下:

令高压侧 PT 自检控制字为1,其他控制字同高压侧方向零序。给高压侧加电压、电流如下:

$$\begin{cases} 3U_0 = 15 \text{ V} \angle 0° \\ \dot{I}_A = 0.2 \text{ A} \angle 5° \end{cases} \tag{6-15}$$

加量后装置报 PT 断线,然后突升 $\dot{I}_A = 1.2 \text{ A} \angle 5°$,满足零序动作定值。保护动作。

重复以上步骤,但令 $\dot{I}_A$ 的角度为 $\angle -5°$,则保护不动作。跳闸逻辑不再重复。

②中压侧方向零序保护。

中压侧方向零序保护的模拟方法与高压侧方向零序保护的完全一样。

(4) 零序过流保护

零序过流包括高压侧零序过流、中压侧零序过流、公共绕组侧零序过流[41]。投相应控制字,硬压板,若加量超过定值,则保护动作。

(5) 复压过流、速断及过负荷保护

复压过流及过负荷保护都一定要投相应侧的复压闭锁控制字。

①复压闭锁的几个条件。

低电压:本保护低电压只判 A、C 相电压,满足 U_{AC} 小于定值就行。

负序电压:以 6 V 为例,可以有两种模拟方法:

$$\begin{cases} \dot{U}_A = 19 \text{ V} \angle 0° \\ \dot{U}_B = 38 \text{ V} \angle -120° \\ \dot{U}_C = 19 \text{ V} \angle 120° \end{cases} \qquad (6-16)$$

$$\begin{cases} \dot{U}_A = 20 \text{ V} \angle 0° \\ \dot{U}_B = 2 \text{ V} \angle -120° \\ \dot{U}_C = 20 \text{ V} \angle 120° \end{cases} \qquad (6-17)$$

②复压过流及速断。

投相应控制字,硬压板,若加量超过定值,则保护动作。

③过负荷。

加三相对称电流,若超过定值,则过负荷告警。注意电流是从零升起的,目的是不让保护启动。

④高压侧过负荷启动通风及闭锁调压。

加三相对称电流,若超过定值,则出现相应报文。注意电流仍是从零升起的。

⑤PT 断线。

投相应侧的复压闭锁控制字,然后先加三相正常电压,再断开一相即可。

(6)高压侧非全相保护

投相应控制字,硬压板。

① 非全相零序。

短接非全相开入接点,加单相电流 i_A 大于非全相定值。

② 非全相负序。

短接非全相开入接点,加三相电流大于非全相定值。

(7)低压侧零序过压保护

投相应控制字,在专用通道上若加量超过定值,则保护动作。

6.1.3　关于主变保护 CT 的极性

CT 的极性端全部在非主变侧,即高压侧、中压侧、低压侧 CT 的极性端全部在母线侧,公共绕组 CT 的极性端在接地侧。

6.2　C 公司 RCS-978 型主变保护

作为 RCS 系列保护的普遍特性,有两点在调试之前要注意:第一点是保护在动作出口之后,若故障仍然存在超过 10 s,装置将自动闭锁,运行灯熄灭,保护自动退出,即使退掉故障也不能自动恢复,必须断开装置电源一次,装置重新初始化才能恢复运行;第二点是在修改装置参数定值之后,必须重新确认保护定值,保护才能投入运行,否则运行灯仍然不会点亮。确认保护定值的过程其实就是进入修改保护定值的状态(改动或不改动定值项都可以),然后确认,重新固化即可[43]。

6.2.1　主保护

我们仍以一台容量为 360 000 kVA 的 330 kV 自耦式变压器为例来演示,自耦式变压器的相关参数如表 6-1 所列。

变压器组别大多数为 Y/Y/△-11。TA 二次接线采用全星形接线方式,对应的接线方式定值为 00001。本保护对差动电流的计算方式与 WBZ-500H 不同,它是把实际电流的实名值转化为标幺值以后,对标幺值进行计算的。定值也是标么值的形式。标么值就是各侧实名值与该侧二次额定电流的比值。从标么值换算为实名值的方法就是标么值乘以该侧二次额定电流。

(1) 差动保护

本保护设有稳态比率差动、工频变化量比率差动。对于工频变化量比率差动,目前在施工现场还没有一种可以准确测试的方法,有待进一步探讨。为了能更好地观察稳态比率差动的特性,在进行以下试验时一定要将工频变化量比率差动功能退出。

本保护对变压器接线组别及 CT 二次接线方式的补偿方式也与 WBZ-500H 不同,在进行单相电流试验时,补偿电流要加在 Y 型接线的高压侧和中压侧,即电流从 A 相极性端进,从 B 相极性端出,回继电保护测试仪 N 端(B 相试验时,电流由 B 相进,由 C 相出;C 相试验时,电流由 C 相进,由 A 相出);△型接线的低压侧不加补偿,即电流从 A 相极性端进,从非极性端出,回继电保护测试仪 N 端(B、C 相一样,电流从该相极性端进,从非极性端出)[40]。

设 $\dot{I}_{AH}$、$\dot{I}_{AM}$、$\dot{I}_{AL}$ 分别为三侧电流实名值,则按照以上接线方式试验,保护采到的 A 相差动计算电流 $\dot{I}_H$、$\dot{I}_M$、$\dot{I}_L$ 分别为

$$\begin{cases} \dot{I}_H = \dot{I}_{AH}/\dot{I}_{e2H} \\ \dot{I}_M = \dot{I}_{AM}/\dot{I}_{e2M} \\ \dot{I}_L = (\dot{I}_{AL}/\dot{I}_{e2L})/1.732 \end{cases} \quad (6-18)$$

差动电流的计算公式为 $\dot{I}_{dA} = \dot{I}_H + \dot{I}_M + \dot{I}_L$。

制动电流的计算公式为 $\dot{I}_{rA} = 0.5 \cdot (\dot{I}_H + \dot{I}_M + \dot{I}_L)$。

①差动速断及比率差动门槛的校验。

设差动速断定值 $I_{SD} = 1$,则各侧单相实加动作电流应为

$$\begin{cases} \dot{I}_{AH} = \dot{I}_H \cdot \dot{I}_{e2H} = I_{SD} \cdot \dot{I}_{e2H} = 0.502 \\ \dot{I}_{AM} = \dot{I}_M \cdot \dot{I}_{e2M} = I_{SD} \cdot \dot{I}_{e2M} = 0.573 \\ \dot{I}_{AL} = \dot{I}_L \cdot \dot{I}_{e2L} \cdot 1.732 = I_{SD} \cdot \dot{I}_{e2L} \cdot 1.732 = 6.86 \end{cases} \quad (6-19)$$

设比率差动定值 $I_{DZ} = 0.5$,则各侧单相实加动作电流应为

$$\begin{cases} \dot{I}_{AH} = \dot{I}_{H} \cdot \dot{I}_{e2H} = I_{DZ} \cdot \dot{I}_{e2H} = 0.251 \\ \dot{I}_{AM} = \dot{I}_{M} \cdot \dot{I}_{e2M} = I_{DZ} \cdot \dot{I}_{e2M} = 0.287 \\ \dot{I}_{AL} = \dot{I}_{L} \cdot \dot{I}_{e2L} \cdot 1.732 = I_{DZ} \cdot \dot{I}_{e2L} \cdot 1.732 = 3.43 \end{cases} \quad (6\text{-}20)$$

②比率差动比率制动曲线的验证。

978CN 的差动动作特性为三段折线,对应动作方程如下,其中电流值均为标么值:

$$\begin{cases} I_d > 0.2I_r + I_{CDQD}(I_r < 0.5) \\ I_d > K[I_r - 0.5] + 0.1 + I_{CDQD}(0.5 < I_r < 6) \\ I_d > 0.75[I_r - 6] + K \cdot 5.5 + 0.1 + I_{CDQD}(I_r > 6) \end{cases} \quad (6\text{-}21)$$

设 $I_{CDQD} = 0.4$,比率制动系数 $K = 0.5$,则特性曲线如图 6-4 所示:

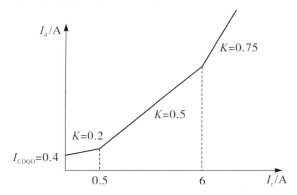

图 6-4 比率差动保护动作特性曲线 2

根据动作方程可以计算出曲线上任一点的坐标,设定 I_r 值,则动作电流为

$$\begin{cases} I_d = 0.2I_r + 0.4(I_r < 0.5) \\ I_d = K(I_r - 0.5) + 0.1 + 0.4(0.5 < I_r < 6) \\ I_d = 0.75[I_r - 6] + K \cdot 5.5 + 0.1 + 0.4(I_r < 6) \end{cases} \quad (6\text{-}22)$$

选定几个 I_r 值,得出表 6-5 所列的一些点的坐标数据:

表 6-5 比率差动特性曲线部分点坐标数据 单位:A

序号	I_r	I_d	$I_1 = 0.5 \cdot I_d + I_r$	$I_2 = I_1 - I_d$
1	0.2	0.44	0.420	−0.020
2	0.5	0.50	0.750	0.250

序号	I_r	I_d	$I_1 = 0.5 \cdot I_d + I_r$	$I_2 = I_1 - I_d$
3	1.0	0.75	1.375	0.625
4	3.0	1.75	3.875	2.125
5	6.0	3.25	7.625	4.375
6	7.0	4.00	9.000	5.000

若对高压侧和中压侧进行试验,则高压侧套用 I_1 的数据,中压侧套用 I_2 的数据,结合式(6-23)可以得出一组数据(表6-6)。

$$\begin{cases} \dot{I}_{AH} = \dot{I}_H \cdot \dot{I}_{e2H} \\ \dot{I}_{AM} = \dot{I}_M \cdot \dot{I}_{e2M} \end{cases} \tag{6-23}$$

同样,在高对低的试验中,低压侧套用 I_2 的数据,结合公式 $\dot{I}_{AL} = \dot{I}_L \cdot \dot{I}_{e2L} \cdot 1.732$ 也可以得出一组数据(表6-6)。

表6-6　高压侧和中压侧的相关数据

序号	I_r	I_d	I_1	I_2	$\dot{I}_{AH} = \dot{I}_1 \cdot \dot{I}_{e2H}$	$\dot{I}_{AM} = \dot{I}_2 \cdot \dot{I}_{e2M}$	$\dot{I}_{AL} = \dot{I}_2 \cdot \dot{I}_{e2L} \cdot 1.732$
1	0.222	0.4444	0.4442	-0.0002	0.223	0.000	-0.001
2	0.500	0.5000	0.750	0.2500	0.377	0.143	1.715
3	1.000	0.7500	1.3750	0.6250	0.690	0.358	4.287
4	3.000	1.7500	3.8750	2.1250	1.945	1.218	14.575
5	6.000	3.2500	7.6250	4.3750	3.828	2.507	30.007
6	7.000	4.0000	9.0000	5.0000	4.518	2.865	34.294

按照前面的电流补偿接线方式分别给两侧加电流,相角相差180°,I_1 侧略小于表中算得值,I_2 侧按照表中数值直接输入。开始试验后,保护应不动,然后逐渐加大侧电流,应在大于表中算得值时保护动作。

注意,实际上在实验过程中,由于加单侧电流时制动电流 I_r 将随之上升,因此第一个点根本无法实现,同时差动门槛也无法准确模拟验证。动作起点大约已经在 0.222[33]。

③谐波制动。

谐波制动包括二次谐波和三次谐波,用谐波菜单进行。试验时,按照补偿方式加单侧单相电流,差动计算电流以刚超过比率差动门槛为宜。若谐波比例超过定值,则应该不动;若降低谐波比例,则保护动作。

注意,本保护在模拟三次谐波制动时,必须先退掉装置参数一栏中的内部控制字"涌流闭锁是否用浮动门槛",即将其置"否"[44]。

④ 差流异常。

差流越限值为0.2。根据公式

$$
\begin{cases}
\dot{I}_{AH} = \dot{I}_H \cdot \dot{I}_{e2H} = 0.2 \cdot \dot{I}_{e2H} \\
\dot{I}_{AM} = \dot{I}_M \cdot \dot{I}_{e2M} = 0.2 \cdot \dot{I}_{e2M} \\
\dot{I}_{AL} = \dot{I}_L \cdot \dot{I}_{e2L} \cdot 1.732 = 0.2 \cdot \dot{I}_{e2L} \cdot 1.732
\end{cases}
\tag{6-24}
$$

算得各侧应加值进行试验。加单侧单相电流(按照补偿方式)。10 s后装置报差流异常。

(2)零序差动保护

零序差动保护是对自耦变的大线圈的保护。相关的零序差动有高压侧、中压侧、公共绕组三侧。它的计算与各侧容量及电压等级无关,只与各侧的 TA 变比有关。设公共绕组侧的 TA 变比为 1200/1,高压侧、中压侧变比同前,则公式如下:

$$
\dot{I}_{d0} = \dot{I}_{0H} \cdot K_H + \dot{I}_{0M} \cdot K_M + \dot{I}_{0N} \cdot K_N \tag{6-25}
$$

式中,K_H、K_M、K_N分别为各侧的平衡系数。平衡系数的计算原则是规定变比最小侧的系数为1,其他各侧系数为其变比和最小侧变比的比值[44]:

$$
\begin{cases}
K_H = 1 \\
K_M = CT_M/CT_H = 3000/1200 = 2.5 \\
K_N = CT_N/CT_H = 1200/1200 = 1
\end{cases}
\tag{6-26}
$$

设备侧的零差计算电流如下:

$$
\begin{cases}
\dot{I}_H = \dot{I}_{0H} \cdot K_H \\
\dot{I}_M = \dot{I}_{0M} \cdot K_M \\
\dot{I}_N = \dot{I}_{0N} \cdot K_N
\end{cases}
\tag{6-27}
$$

则式(6-25)可简化为 $\dot{I}_{d0} = \dot{I}_H + \dot{I}_M + \dot{I}_N$。

零差的制动公式为 $\dot{I}_{0r} = \max \{ \dot{I}_H, \dot{I}_M, \dot{I}_N \}$。对于门槛的校验,与比率差动

一样,只不过加量时只需要加单相,而且都是 A 进 N 出,不需要补偿。在计算实加电流时,要用如下公式:

$$
\begin{cases}
\dot{I}_{AH} = \dot{I}_H / K_H \\
\dot{I}_{AM} = \dot{I}_M / K_M \\
\dot{I}_{AN} = \dot{I}_N / K_N
\end{cases}
\tag{6-28}
$$

单侧单相校验时直接用门槛定值 I_{DZ0} 替换公式中的 $\dot{I}_H$、$\dot{I}_M$、$\dot{I}_N$ 即可。

零序差动动作特性为两段折线,对应动作方程如下,其中电流值均为相对于 I_n 的比值:

$$
\begin{cases}
I_{0d} > I_{0CDQD} \\
I_{0d} > K_0 [I_{0r} - 0.5] + I_{0CDQD} \\
I_{0r} = \max\{ |I_{0H}|, |I_{0M}|, |I_{0N}| \} \\
I_{0r} < 0.5
\end{cases}
\tag{6-29}
$$

整定 $I_{DZ0} = 0.5$ A,比率制动系数 $K_0 = 0.5$,则动作特性曲线如图 6-5 所示。

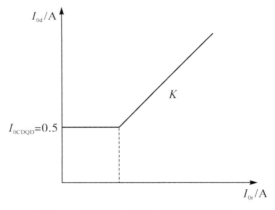

图 6-5　零序差动保护动作特性曲线 1

根据动作方程可以计算出曲线上任一点的坐标,设定 I_{0r} 的值,计算得到的 I_{0d} 的值如表 6-7 所列:

表 6-7　I_{0d} 值计算结果　　　　　　　　　　　　单位:A

序号	I_{r0}	$I_{d0} = 0.5 \cdot I_{r0} + 0.25$	$I_1 = I_{r0}$	$I_2 = I_1 - I_{d0}$
1	0.5	0.50	0.5	0.00

续表

序号	I_{r0}	$I_{d0}=0.5 \cdot I_{r0}+0.25$	$I_1=I_{r0}$	$I_2=I_1-I_{d0}$
2	0.8	0.65	0.8	0.15
3	1.0	0.75	1.0	0.25
4	1.2	0.85	1.2	0.35

若对高压侧和中压侧进行试验,则高压侧套用 I_1 的数据,中压侧套用 I_2 的数据,结合式(6-30):

$$\begin{cases} \dot{I}_{AH} = \dot{I}_H/K_H \\ \dot{I}_{AM} = \dot{I}_M/K_M \end{cases} \tag{6-30}$$

可以得出一组数据(表6-8)。同样,在高对公共绕组的试验中,公共绕组套用 I_2 的数据,结合公式 $\dot{I}_{AN} = \dot{I}_N/K_N$ 也可以得出一组数据(表6-8)。

表6-8 高对公共绕组的相关试验数据 单位:A

序号	I_{r0}	I_{d0}	I_1	I_2	$\dot{I}_{AH}=\dot{I}_1$	$\dot{I}_{AM}=\dot{I}_2/2.5$	$\dot{I}_{AN}=\dot{I}_2$
1	0.5	0.50	0.5	0.00	0.5	0.00	0.00
2	0.8	0.65	0.8	0.15	0.8	0.06	0.15
3	1.0	0.75	1.0	0.25	1.0	0.10	0.25
4	1.2	0.85	1.2	0.35	1.2	0.14	0.35

(3) TA 断线闭锁差动及零差

① TA 断线闭锁差动。

置 TA 断线闭锁差动控制字为2,投"投差动保护""退高压侧电压""退中压侧电压""退低压侧电压"硬压板,退"投零差保护"硬压板,其他设置不变。

方法1:

先给高压侧和中压侧加一倍的额定穿越电流如下:

$$高压侧 \begin{cases} \dot{I}_{AH} = 0.5 \text{ A} \angle 0° \\ \dot{I}_{BH} = 0.5 \text{ A} \angle -120° \\ \dot{I}_{CH} = 0.5 \text{ A} \angle 120° \end{cases}$$

$$中压侧 \begin{cases} \dot{I}_{AM} = 0.57 \text{ A} \angle 180° \\ \dot{I}_{BM} = 0.57 \text{ A} \angle 60° \\ \dot{I}_{CM} = 0.57 \text{ A} \angle -60° \end{cases}$$

突降 $\dot{I}_{AH}$ 到零(对于继电保护测试仪可以直接拔出该相试验线),10 s 后装置报"TA 断线"。若保护不动作,则闭锁有效。置 TA 断线闭锁差动控制字为 0,重复以上步骤,当突降 $\dot{I}_{AH}$ 到零后,差动不经断线闭锁,保护会立即动作[45]。

方法 2:

给高压侧和中压侧单相以补偿方式各加一对穿越电流。TA 断线闭锁差动控制字投 0 时,突降一侧电流到零,保护立即动作;控制字投 2 时,突降一侧电流到零,保护不动作。TA 断线控制字还有置 1 的状态,与置 2 时的区别是闭锁范围不同:当差流小于 $1.2 i_e$ 时,TA 断线闭锁差动;当差流大于 $1.2 i_e$ 时,TA 断线闭锁失效,保护开放。

验证的方法如下:

同样给高压侧和中压侧各加一倍的额定穿越电流,突降 $\dot{I}_{AH}$ 到零,保护不动作;然后逐渐同时增大中压侧三相电流幅值,观察面板中"差动计算电流"的差流显示,当最大相差流大于 $1.2 i_e$ 时,保护动作。这里之所以要通过面板来看差流,是因为在这种非正常方式下,差流的计算考虑的因素太多将很复杂,也没有必要人为计算,看面板更直接[45]。

② TA 断线闭锁零差。

置 TA 断线闭锁零差控制字为 2,投"投零差保护""退高压侧电压""退中压侧电压""退低压侧电压"硬压板,退"投差动保护"硬压板,其他设置不变。电流施加的方法必须用上述的方法 1,即加六相穿越电流。电流的大小要保证下一步非断线侧的电流大于零差动作门槛,本例中的电流同方法 1 中的数据。突降 $\dot{I}_{AH}$ 到零(对于继电保护测试仪可以直接拔出该相试验线),10 s 后装置报"TA 断线"。若保护不动作,则闭锁有效。置 TA 断线闭锁零差控制字为 0,重复以上步骤,当突降 $\dot{I}_{AH}$ 到零后,差动不经断线闭锁,保护会立即动作。

6.2.2 后备保护

在主变后备保护的校验中,除了过激磁保护外,其他所有模块都有整定跳闸逻辑的功能,所以对跳闸逻辑的校验就成为后备保护校验最为重要的工作[45]。在校验跳闸逻辑时,一般将保护各个出口单元的动作接点都分别引回一副,到继电保护测试仪开入端进行检测。对于一种保护功能的不同延时段的跳闸逻辑,从接点的动作先后顺序就可以看出。

另外,在保护跳闸控制字中,厂家对每一位都有特定的名称,默认为相应的跳闸对象。但是在实际工程中,由于一次接线方式的不同,因此可能和厂家设定的出入很大,这时应根据厂家白图及设计二次接线图明确每一位实际对应的跳闸对象,调整控制字,监视出口,做到正确出口。

(1)过激磁保护

本保护过激磁倍数的基准电压是相电压 57.735 V。控制字"保护安装侧"投"0"时,检测高压侧电压;投"1"时,检测中压侧电压。控制字"过激磁保护固定为相电压"投"是"时,检测单相电压;投"否"时,检测三相电压。保护动作跳主变三侧。模拟时,选投控制字,相应侧加相应电压,超过定值,经过延时后保护动作。反时限过激磁随倍数增加动作时间缩短,可能落在某两个时间定值之间。这正反映了反时限的特性[46]。

(2)阻抗保护

① 高压侧阻抗保护。

高压侧阻抗保护的方向控制字为"1"时为正方向,方向指向主变,动作区间如图 6-6(a);高压侧阻抗保护的方向控制字为"0"时为反方向,方向指向母线,动作区间如图 6-6(b)。

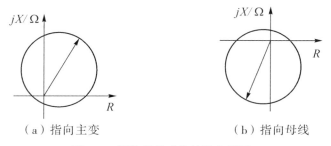

（a）指向主变　　　　　　（b）指向母线

图 6-6　阻抗保护动作特性方程图 2

投相应高压侧相间保护硬压板,投相应功能控制字。扫描动作区间时,宜只投一项功能、一段延时。整组菜单用相间故障。加正常电压 10 s 后,TV 告警消失再加故障。延时足够让所选段保护动作。高阻抗一般先跳中压侧母联,再跳主变中压侧,最后跳主变三侧。

② 中压侧阻抗保护。

与高压侧阻抗保护一样,中压侧阻抗保护受方向控制字控制动作区间,规律也同高压侧阻抗保护。跳闸逻辑也通常先跳中压侧母联,再跳主变中压侧,最后跳主变三侧。

(3) 方向零序保护

① 高压侧零序保护。

高压侧零序保护 Ⅰ、Ⅱ 段带方向,电流用自产零序电流。方向控制字为"1"时为正方向,方向指向主变,动作区间如图 6-7(b)所示;方向控制字为"0"时为反方向,方向指向母线,动作区间如图 6-7(a)所示。在整组菜单中选择单相接地故障,故障阻抗角的值取反就是零序电流的角度,而零序电压的角度可以始终视为 180°。

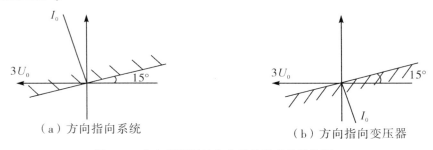

图 6-7　方向零序保护方向元件的动作特性图 2

这种方法的原理参见《零序方向元件动作特性另类扫描》[1,15,47]。图 6-7 中已经将 $3U_0$ 旋转置于 180° 方向,以适应该方法的需要。

方向零序保护 Ⅰ、Ⅱ 段还有经谐波制动的功能选项,投入时,二次谐波量大于 2% 就能可靠制动。要注意的是,制动量要由专用的外接零序电流通道来加[47]。模拟时,选用谐波菜单,将在整组菜单下能可靠动作的接地故障量(包括电流、电压)输入到谐波菜单的相关设置中,另外增加一路电流到外接零序电流通道,其基波大小和故障电流一样,谐波分量为可控变量。先叠加 10% 以上谐波,开始试验,保护不动作。逐渐减小谐波分量,直到保护动作。零序 Ⅲ 段无方向,由专用的外接零序电流通道加故障量。跳闸逻辑不再重复。

② 中压侧方向零序保护。

模拟方法与高压侧方向零序保护完全一样。

(4) 过流保护

① 高压侧方向过流。

高压侧过流保护均可带方向。方向控制字为"1"时为正方向,方向指向主变,动作区间如图 6-8(a)所示;方向控制字为"0"时为反方向,方向指向母线,动作区间如图 6-8(b)所示。模拟时,投入其他两侧"退电压"压板,投相间后备保护压板。整组菜单,单相故障。加正常电压 10 s 后,TV 告警消失再加故障。虽然该保护是作为相间后备来设置的,但是经过实际验证,只有通过单相故障才能准确体现上面的方向特性。扫描方向特性时,仍可以通过观察短路阻抗角的方式进行。阻抗角的值取反便是故障电流的实际方向。

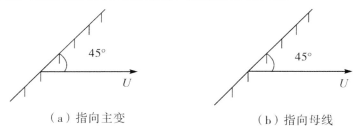

（a）指向主变 （b）指向母线

图 6-8 过流保护方向元件的动作特性图 1

高压侧过流可以经本侧及其他两侧复压闭锁。试验时宜将经其他侧电压闭锁的控制字退掉,或投"退中压侧电压""退低压侧电压"硬压板。试验时宜退方向闭锁控制字。复压闭锁的负序定值可以在整组菜单中用单相故障实现,故障相电压与正常相电压差值的 1/3 就是负序电压[27]。

低电压定值指的是线电压,但是不能用相间故障来试验,因为相间故障时电压的相位关系已经不再平衡,闭锁电压会抬高。要在整组菜单中选择任意状态,电流大小满足定值,电压相位关系保持平衡。然后同时设置 A、C 相电压幅值,当其大于 0.577 倍的低电压定值时应该闭锁,小于时应开放[27]。

② 中压侧方向过流。

中压侧方向过流同高压侧。

③ 低压侧复压过流。

低压侧过流 I 段和 II、III 段分别从不同的两组电流通道采样,要注意区分。

④ 过负荷及过负荷启动通风、闭锁调压。

投"退电压"压板,加单相或三相电流超过定值,若过负荷则告警,延时后启动通风、闭锁调压。注意电流是从零升起的,目的是不让保护启动。

⑤ 高、中压侧失灵。

该保护设有高、中压侧失灵功能,但一般都很少被实际起用。当电流达到失灵定值时,超过延时,失灵接点直接导通。若要使用该功能,必须人为在外部将失灵接点和保护动作接点串联使用。

⑥ TV 异常。

TV 异常的判据如下:

Ⅰ.正序电压小于 30 V,且任一相电流大于 $0.04I_n$ 或开关在合位;

Ⅱ.负序电压大于 8 V。

满足上述任一条件即可。最直接的模拟方法就是不投"退电压"压板,开关合位。

注意:高压侧及中压侧有断路器分闸位置的开入,应当正确引入。

⑦ TA 异常。

TA 异常的判据为负序电流或零序电流大于 $0.06I_n$ 后延时 10 s 报该侧 TA 异常,发报警信号。电流恢复 10 s 后告警自动复归。

(5)公共绕组零序过流

公共绕组零序过流有谐波制动功能选项,投入时,二次谐波超过 8% 制动有效。模拟时在专用通道上加电流超过定值,保护动作。

6.2.3 一些必要的提示

(1) TA 极性

① 差动回路极性设置。

本保护的说明书对各侧各绕组的 TA 都作了详尽的图示,差动回路包括零序差动回路,总结为一句话就是极性端全部在非主变侧,即高压侧、中压侧、低压侧 TA 极性端全部在母线侧,公共绕组 TA 极性端在接地侧。

由于高、中、低各侧的极性都一致,以至于公共绕组 TA 的极性经常会被忽视,因此误以高压侧母线为极性端,这将直接导致零序差动保护的误动。

② 零差回路极性投运检查。

投运前的极性检查十分重要,投运后的极性判断更能说明问题。

在对变压器进行空载冲击时,可以对公共绕组的极性进行判断。空载冲击时,瞬间会有较大的励磁涌流,一般都会使保护启动,涌流的波形将会被记录在保护动作报告中。将波形调出来打印,观察高压侧及公共绕组侧的波形[48]。从图 6-9 可知,励磁涌流对于高压侧和公共绕组来说是一个穿越电流,如果 TA 极性正确,如图 6-9(a)所示,高压侧和公共绕组侧的差动计算电流波形就应该正好相反,相位相差 180°。

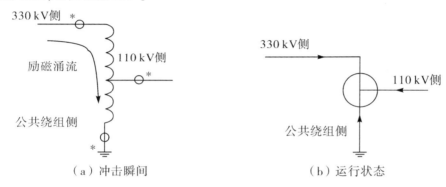

（a）冲击瞬间 　　　　　　　　　（b）运行状态

图 6-9　自耦变电流流向示意图

等到变压器正常运行,潮流方向主要由高压侧流向中压侧时,情况就不同了。如图 6-9(b)所示,根据基尔霍夫定律,中压侧的电流应等于高压侧电流加上公共绕组侧电流。由此得知,此时公共绕组 TA 的电流方向应该和高压侧同相位。

③ 中性点零序 TA 极性设置。

此设置可能用于两种回路,一种是中性点零序过流,在本保护中称为公共绕组零序过流;另一种是作为高后备、中后备的零序方向判别。

第一种情况无方向可言,对极性也就无所谓了。在大多数工程中,定值一般都会整定为用各侧自产零序判方向,不会遇到第二种情况。但如果遇到要用中性点 TA 作为高后备、中后备的零序方向判别时,就需要注意它的极性接法了。通过图 6-10 可以看出,此时中性点 TA 的极性端应该在变压器侧。这是整个变压器保护 TA 接线中唯一极性端在变压器侧的情况。

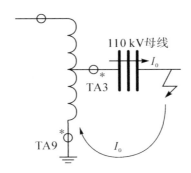

图 6-10　自耦变中性点 CT 极性示意图

图中以中压侧反向故障为例说明原理。本保护为主后一体设计,后备保护和主保护共用 TA,所以用以自产零序电流的 TA3 的极性已经确定,以母线侧为极性端。只要中性点 TA 所反映的故障零序电流和自产零序 I_0 的方向一致即可。图中 I_0 是从 TA3 的非极性端流入的,也就是要从 TA9 的非极性端流入。这也就确定了 TA9 的极性端必然要在变压器侧。

顺便提一下,如果中性点 TA 用于零差回路,极性端又该在地侧了。原因同样是要和公共绕组自产零序相一致。

（2）几个关于 RCS 系列的细节

作为 RCS 系列保护的一个普遍特性,前面提到过的两个特点仍然存在:

第一点,是保护在动作出口之后,若故障仍然存在超过 10 s,装置将自动闭锁,运行灯熄灭,保护自动退出,即使退掉故障也不能自动恢复,必须断开装置电源一次,装置重新初始化才能恢复运行。

第二点,是在修改装置参数定值之后,必须重新确认保护定值,保护才能投入运行,否则运行灯将仍然不会点亮。确认保护定值的过程其实就是进入修改保护定值的状态,改动或不改动定值项都可以,然后确认,重新固化即可[49]。

另外,978CN 还有一点需要注意,当需要打印正常波形时,必须先在打印菜单中启动录波后才能选择打印,否则打印结果将不能反映实时采样。

6.3　B 公司 SG-756 变压器保护

在参看了 WBZ-500 和 RCS-978 以后,绝大部分功能项目都有了明确的方法,这里只对一些区别较大的功能进行详细说明。

6.3.1 主保护

仍以前面那台 360 000 kVA 的 330 kV 自耦式变压器为例来演示各参数的计算,自耦式变压器铭牌的参数如表 6-1 所列。

变压器组别大多数为 Y/Y/△-11,TA 二次接线也普遍采用全星形接线方式。

(1) 差动速断及比率差动

差动速断及比率差动的动作方程和 WBZ-500 相同,以 A 相为例:

$$\dot{I}_{dA} = (\dot{I}_{AH} - \dot{I}_{BH}) \cdot K_H/1.732 + (\dot{I}_{AM} - \dot{I}_{BM}) \cdot K_M/1.732 + \dot{I}_{AL} \cdot K_L$$

$$(6-31)$$

其中,平衡系数在说明书中有不同的表示方法,但实质上和 WBZ-500 相同,可以继续按下面的方法计算,高压侧系数设为 1,其他侧系数为高压侧与该侧二次额定电流的比值:

$$\begin{cases} K_H = 1 \\ K_M = I_{e2H}/I_{e2M} = 0.502/0.573 = 0.88 \\ K_L = I_{e2H}/I_{e2L} = 0.502/3.96 = 0.126 \end{cases} \quad (6-32)$$

设各侧的差动计算电流如下:

$$\begin{cases} \dot{I}_H = (\dot{I}_{AH} - \dot{I}_{BH}) \cdot K_H/1.732 \\ \dot{I}_M = (\dot{I}_{AM} - \dot{I}_{BM}) \cdot K_M/1.732 \\ \dot{I}_L = \dot{I}_{AL} \cdot K_L \end{cases} \quad (6-33)$$

则公式(6-31)可简化为 $\dot{I}_{dA} = \dot{I}_H + \dot{I}_M + \dot{I}_L$。

比率差动的制动公式为 $\dot{I}_{rA} = 0.5 \cdot (\dot{I}_H + \dot{I}_M + \dot{I}_L)$。

对于保护功能的验证,从上面的数据来看模拟起来的确比较麻烦,厂家的调试大纲上提供了一种比较简单的方法,就是将各侧的二次额定电流值都整定为 1 A,各侧平衡系数都变为 1。基于此来进行差动速断及比率差动门槛的校验。考虑保护本身对变压器接线组别及 CT 二次接线方式的补偿,在进行单相试验时,电流的施加应按照下面的方式进行:

以 A 相为例,高压侧及中压侧的 A 相加单相电流 $\dot{I}_A$,从极性端进,从非极性端出,回继电保护测试仪 N 端。低压侧的 A 相加单相电流 $\dot{I}_A$,C 相加反向等大补偿电流。即电流从 A 相极性端进,从 C 相极性端出,回继电保护测试仪 N 端。

①差动速断及比率差门槛的校验。

SG-756 定值中引入了倍数的概念,差动的各定值参数都以高压侧额定电流为基准,用倍数表示。这实际上相当于 RCS-978 的标幺值,在计算各侧实际动作电流时更为方便。

设差动速断定值 $I_{SD} = 5I_n$, 即 $I_{SD} = 5I_{e2H}$, 则各侧单相实加动作电流应为

$$
\begin{cases}
\dot{I}_{AH} = \dot{I}_H \cdot 1.732/K_H = I_{SD} \cdot 1.732/K_H = 5I_{e2H} \cdot 1.732 = 4.35 \text{ A} \\
\dot{I}_{AM} = 5I_{e2M} \cdot 1.732 = 4.96 \text{ A} \\
\dot{I}_{AL} = I_{SD}/K_L = 5I_{e2L} = 19.8 \text{ A}
\end{cases}
$$

$$(6-34)$$

设比率差动定值 $I_{DZ} = 0.5 I_n$, 即 $I_{DZ} = 0.5I_{e2H}$, 则各侧单相实加动作电流应为

$$
\begin{cases}
\dot{I}_{AH} = \dot{I}_H \cdot 1.732/K_H = I_{DZ} \cdot 1.732/K_H = 0.5I_{e2H} \cdot 1.732 = 0.435 \text{ A} \\
\dot{I}_{AM} = 0.5I_{e2M} \cdot 1.732 = 0.496 \text{ A} \\
\dot{I}_{AL} = \dot{I}_L/K_L = 0.5I_{e2L} = 1.98 \text{ A}
\end{cases}
$$

$$(6-35)$$

注意,在上面公式的计算中,实际可以不用各侧的平衡系数,只需要把各侧的二次额定电流直接拿来计算就可以了。

② 比率差动比率制动曲线的验证。

由于引进了倍数的概念,因此实际上的差动特性计算方法已经和 RCS-978 相似。从上一步比率差动及差动速断的门槛验证已经可以看出,参与差动计算的就是各侧电流的标幺值,计算实际电流时才换算成实名值,并考虑接线补偿。所以我们在这里直接将其动作特性方程简化成标幺值的形式,等同于 RCS-978 的形式进行理解,更方便试验的进行。SG-756 的动作特性也分为三段:

$$
\begin{cases}
I_d > I_{OP}(I_r < 0.8) \\
I_d > [I_r - 0.8] \cdot K_1 + I_{OP}(0.8 < I_r < 3) \\
I_d > [I_r - 3] \cdot K_2 + [3 - 0.8] \cdot K_1 + I_{OP}(I_r > 3)
\end{cases}
$$

$$(6-36)$$

设 $I_{OP} = 0.4$, 比率制动系数 $K_1 = 0.5$, $K_2 = 0.7$, 则测试的比率差动制动曲线如图 6-11 所示。

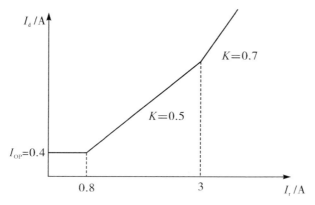

图 6-11　比率差动保护动作特性曲线 3

根据动作方程可以计算出曲线上任一点的坐标,选定几个 I_r 值,得出下面一些点的坐标数据(表 6-9):

表 6-9　I_r 值的相关数据　　　　　　　　　　单位:A

序号	I_r	I_d	$I_1 = 0.5 \cdot I_d + I_r$	$I_2 = I_1 - I_d$
1	0.2	0.4	0.40	0
2	0.8	0.4	1.00	0.60
3	1.0	0.5	1.25	0.75
4	2.0	1.0	2.50	1.50
5	3.0	1.5	3.75	2.25
6	4.0	2.2	5.10	2.90

若对高压侧和中压侧进行试验,则高压侧套用 I_1 的数据,中压侧套用 I_2 的数据,结合公式(6-37)可以得出一组数据。

$$\begin{cases} \dot{I}_{AH} = \dot{I}_H \cdot \dot{I}_{e2H} \cdot 1.732 \\ \dot{I}_{AM} = \dot{I}_M \cdot \dot{I}_{e2M} \cdot 1.732 \end{cases} \tag{6-37}$$

同样,在高对低的试验中,低压侧套用 I_2 的数据,结合公式 $\dot{I}_{AL} = \dot{I}_L \cdot \dot{I}_{e2L}$,也可以得出一组数据(表 6-10)。

表 6-10　高、低压侧同时试验时的测试数据 1　　　　　　　单位：A

序号	I_r	I_d	I_1	I_2	$\dot{I}_{AH} = \dot{I}_H \cdot \dot{I}_{e2H} \cdot 1.732$	$\dot{I}_{AM} = \dot{I}_M \cdot \dot{I}_{e2M} \cdot 1.732$	$\dot{I}_{AL} = \dot{I}_L \cdot \dot{I}_{e2L}$
1	0.2	0.4	0.40	0	0.348	0.000	0.000
2	0.8	0.4	1.00	0.60	0.869	0.595	2.376
3	1.0	0.5	1.25	0.75	1.087	0.744	2.970
4	2.0	1.0	2.50	1.50	2.174	1.489	5.940
5	3.0	1.5	3.75	2.25	3.260	2.233	8.910
6	4.0	2.2	5.10	2.90	4.434	2.878	11.484

按照前面的电流补偿接线方式分别给两侧加电流,相角相差 180°,I_1 侧略小于表中算得值,I_2 侧按照表中数值直接输入。开始试验后,保护应不动;逐渐加大 I_1 侧电流,保护应在电流大于表中算得值时动作。

特别需要注意,如果用三相对称电流模拟高侧对低侧,那么高侧电流不再乘以 1.732,低侧电流的相位应比对应相的高侧电流滞后 150°。

③ 谐波制动。

谐波制动时需要注意的是试验前要退出"波形分析差动保护"控制字。

(2) 分侧差动

平衡系数和 WBZ-500H 相似,以高压侧变比为基准,各侧变比与基准的比值即为各侧平衡系数:

$$\begin{cases} K_H = 1 \\ K_M = CT_M/CT_H = 3000/1200 = 2.5 \\ K_N = CT_N/CT_H = 1200/1200 = 1 \end{cases} \tag{6-38}$$

设各侧的分差计算电流:

$$\begin{cases} \dot{I}_H = \dot{I}_{AH} \cdot K_H \\ \dot{I}_M = \dot{I}_{AM} \cdot K_M \\ \dot{I}_N = \dot{I}_{AN} \cdot K_N \end{cases} \tag{6-39}$$

则公式(6-31)可简化为 $\dot{I}_{dA} = \dot{I}_H + \dot{I}_M + \dot{I}_N$。

分差的制动公式为 $\dot{I}_{rA} = 0.5 \cdot (\dot{I}_H + \dot{I}_M + \dot{I}_N)$。

对于门槛和制动曲线的校验,与比率差动一样,只不过加量时只需要加单相,而且都是 A 进 N 出,不需要补偿。在计算需要施加的电流时,用公式(6-40)进行计算:

$$\begin{cases} \dot{I}_{AH} = \dot{I}_H / K_H \\ \dot{I}_{AM} = \dot{I}_M / K_M \\ \dot{I}_{AN} = \dot{I}_N / K_N \end{cases} \quad (6-40)$$

式中,$\dot{I}_H$、$\dot{I}_M$ 或 $\dot{I}_N$ 分别对应加在两侧的计算电流 $\dot{I}_1$、$\dot{I}_2$。

整定 $I_{df} = 0.5$ A,拐点 $I_{pf} = 0.5$ A,比率制动系数 $K_f = 0.5$,则有表 6-11 中的数据。扫描制动曲线时,将根据动作曲线算得的 $\dot{I}_1$、$\dot{I}_2$ 数据乘以高压侧额定电流 $\dot{I}_{e2H}$ 且除以相应侧的平衡系数,即为各侧在模拟中实际应加的电流量。

表 6-11　高、低压侧同时试验时的测试数据 2　　　　单位:A

序号	I_r	I_d	I_1	I_2	$\dot{I}_{AH} = \dot{I}_1 \cdot \dot{I}_{e2H}/1$	$\dot{I}_{AM} = \dot{I}_2 \cdot \dot{I}_{e2H}/2.5$	$\dot{I}_{AN} = \dot{I}_2 \cdot \dot{I}_{e2H}/0.5$
1	0.2	0.4	0.40	0.00	0.201	0.000	0.000
2	0.8	0.4	1.00	0.60	0.502	0.120	0.602
3	1.0	0.5	1.25	0.75	0.628	0.151	0.753
4	2.0	1.0	2.50	1.50	1.255	0.301	1.506
5	3.0	1.5	3.75	2.25	1.883	0.452	2.259
6	4.0	2.2	5.10	2.90	2.560	0.582	2.912

(3) TA 断线闭锁差动

SG-756 的 TA 断线闭锁差动的逻辑相对简单,闭锁控制字投入时,差流小于 1.2 倍额定电流时闭锁有效,差流大于 1.2 倍额定电流时闭锁开放,保护动作。

先给高压侧和中压侧加一倍的额定穿越电流如下:

$$\text{高压侧} \begin{cases} \dot{I}_{AH} = 0.5 \text{ A} \angle 0° \\ \dot{I}_{BH} = 0.5 \text{ A} \angle -120° \\ \dot{I}_{CH} = 0.5 \text{ A} \angle 120° \end{cases}$$

$$中压侧 \begin{cases} \dot{I}_{AM} = 0.57 \text{ A} \angle 180° \\ \dot{I}_{BM} = 0.57 \text{ A} \angle 60° \\ \dot{I}_{CM} = 0.57 \text{ A} \angle -60° \end{cases}$$

突降 $\dot{I}_{AH}$ 到零(对于继电保护测试仪可以直接拔出该相试验线),保护启动,报 TA 断线。此时若 TA 断线闭锁控制字处于退出状态,则保护动作;若 TA 断线闭锁控制字处于投入状态,则保护不动作。在 TA 断线闭锁控制字处于投入状态,保护不动作的情况下,逐渐同时增大中压侧三相电流幅值,直到保护动作。看面板上的动作保文,差动电流应刚超过 $1.2\dot{I}_e$。

6.3.2　后备保护

在主变后备保护的校验中,除了过激磁保护外,其他所有模块都有整定跳闸逻辑的功能,所以对跳闸逻辑的校验就成为后备保护校验最为重要的工作。

在校验跳闸逻辑时,我们一般将保护各个出口单元的动作接点都分别引回一副,到继电保护测试仪开入端进行检测。对于一种保护功能的不同延时段的跳闸逻辑,从接点的动作先后顺序就可以看出。

(1)过激磁保护

本保护过激磁倍数的基准电压可以现场整定。检测单相电压,检测方法参考 WBZ-500H。

(2)阻抗保护

以高压侧阻抗保护来说明。其阻抗特性同 WBZ-500H,方向指向主变时,动作区间如图 6-12(a)所示;方向指向母线时,动作区间如图 6-12(b)所示。

相间阻抗和接地阻抗的特性是一样的。

需要注意的是,本装置的接地阻抗方程和前面提到的三菱线路保护类似,默认零序补偿系数为零,即使整定不为零也不起作用,仍以零计算。所以在模拟故障时试验仪的模型也应整定为阻抗补偿系数 $K = 0+j0$ 才能进行阻抗定值的准确验证。

本保护中引入了相间阻抗相电流门槛、接地阻抗相电流门槛,故障时,在满足阻抗特性的同时还必须满足相应的电流门槛。

整组菜单,用相间故障。延时足够让所选段保护动作。

高阻抗一般先跳中压侧母联,再跳主变中压侧,最后跳主变三侧[50]。

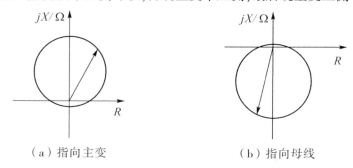

（a）指向主变　　　　　　　　　　（b）指向母线

图 6-12　阻抗保护动作特性方程图 3

(3) 方向零序保护

高压侧方向零序保护的方向特性和 RCS-978 仍很相似,灵敏角仅仅相差 5°(图 6-13)。

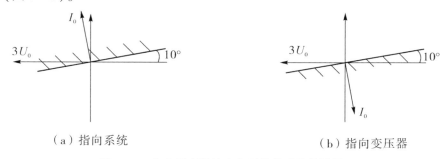

（a）指向系统　　　　　　　　　　（b）指向变压器

图 6-13　方向零序保护方向元件的动作特性图 3

扫描零序保护的动作区间,用整组菜单更为方便。在整组菜单中选择单相接地故障,故障阻抗角的值取反就是零序电流的角度,而零序电压的角度可以始终视为 180°。需要注意的是,一般情况下,零序保护的 $3U_0$ 和 $3I_0$ 有更多的选择,可以通过控制字设置。$3U_0$ 的接线方式是相对固定的,采用自产 $3U_0$ 时,TV 极性端在母线侧,开口三角的极性端为 L 端。采用自产 $3I_0$ 时,TA 极性端在母线侧;采用中性点专用 TA 时,极性端在变压器侧。关于 TA 极性这一点,在后面有专门的分析,请参阅 6.2.3 中的 TA 极性设置。TV 断线有专门的控制字选择其对零序方向的影响。投"转移方向"时,转为由外接零序电压来判断零序方向。与之相关的另一控制字就是"经零序电压闭锁",投入时,外接零序电压必须大于工厂设置中"零序电压闭锁定值"保护才开放。

验证方法如下:设零序电流定值为 1 A,零序电压闭锁定值为 5 V,TV 断线控制字投转移方向,投"经零序电压闭锁"。先模拟 PT 断线,然后在故障状态时,在 A 相电流通道加电流 $I_A = 1.2$ A∠0°,若外接零序电压通道加 $U_0 = 6$ V∠0°,则保护动作;若 $U_0 = 4$ V∠0°,则保护不动作。谐波闭锁功能参见 RCS-978 相应部分。

(4) 复合电压闭锁方向过流

本保护在功率方向元件中采用了 90°接线,动作特性看似和 0°接线的装置大不相同,但经过分析转换后,和 RCS-978 的 0°接线等效图是完全一样的。如图 6-14 所示。

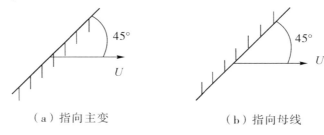

（a）指向主变　　　　　　　　（b）指向母线

图 6-14　方向过流保护方向元件的动作特性图 2

整组菜单,单相故障。扫描方向特性时可以通过观察短路阻抗角的方式。阻抗角的值取反便是故障电流的实际方向。高压侧、中压侧过流可以经本侧及其他两侧复压闭锁。试验时宜退方向闭锁控制字。复压闭锁的负序定值为 $3U_2$,可以在整组菜单中用单相故障实现,故障相电压与正常相电压的差值大于定值即可。低电压定值指的是线电压,但是不能用相间故障来试验,因为相间故障时电压的相位关系已经不再平衡,闭锁电压会抬高。要在整组菜单中选择任意状态,电流大小满足定值,电压的相位关系保持平衡。然后同时设置 A、C相的电压幅值,当其大于 0.577 倍的低电压定值时应该闭锁,小于时应开放。低压侧复压过流还应注意的一点就是其电流定值采用倍数方式,基数为本侧容量、额定电压、CT 变比计算所得的二次额定电流。

6.4　C 公司 RCS-974 型非电量保护

非电量保护作为变压器保护的一个独立功能模块,是一个常见且必不可少的保护方式。不过其在调试的方法上没有什么技术性,这里只对 RCS-974 装置中一个特殊的细节说明一下。本保护中将有验时特性的冷控失电等保护作为一种特殊的类型,增加了表示为 TJ 的回路,要使冷控失电保护出口,必须同时投入"冷控跳闸""非电量延时保护"两个功能压板。

6.5 D公司 WBH-801A/P 微机变压器保护

本装置在很大程度上都和 RCS-978 相似,因此,对于调试人员来说,可以相互参考,更加方便。

6.5.1 主保护

我们以一台容量为 2100 MVA 的 750 kV 自耦式变压器为例来演示:

表 6-12 变压器相关参数

参数	高压侧	中压侧	低压侧	备注
容量 S/ kVA	2 100 000	2 100 000	2 100 000	各侧容量视为一样
额定电压 U_e/ kV	765	345	63	以铭牌为准
一次额定电流 I_e/ A	1584.9	3514.4	19 245.6	$I_e = S/(\sqrt{3} \cdot U_e)$
TA 变比 N	2500/1	5000/1	5000/1	—
二次额定电流 I_{e2}/ A	0.634	0.703	3.849	$I_{e2} = I_e/N$

变压器组别大多数为 Y/Y/△-11。TA 二次接线采用全星形接线方式。装置内部对 Y 型侧进行补偿的方式和 WBZ-500H 是一样的,并且是将各侧实际电流的实名值转化为标么值以后,对标么值进行计算的。定值也是标么值的形式。标么值就是各侧实名值与该侧二次额定电流的比值。将标么值换算为实名值的方法就是标么值乘以该侧二次额定电流。但装置面板显示的比率差动电流值为折算到高压侧额定电流的实名值,这一点和 B 公司的 SG-756 相同。

(1) 差动保护

本保护设有稳态比率差动、增量比率差动、分相差动等功能。考虑 CT 二次接线方式的补偿,在进行单相试验时,电流的施加应按照下面的方式进行。相关的项目包括差动速断、比率差动、差流越限等。

以 A 相为例,接线方式如下:

高压侧及中压侧 A 相加单相电流 $\dot{I}_a$,从极性端进,从非极性端出,回继电保护测试仪 N 端。低压侧 A 相加单相电流 $\dot{I}_a$,C 相加反向等大补偿电流,即电流从 A 相极性端进,从 C 相极性端出,回继电保护测试仪 N 端。

设 $\dot{I}_{AH}$、$\dot{I}_{AM}$、$\dot{I}_{AL}$ 分别为三侧电流实名值,则按照以上接线方式试验,保护采到的 A 相差动计算电流 $\dot{I}_H$、$\dot{I}_M$、$\dot{I}_L$ 分别为

$$\begin{cases} \dot{I}_H = \dot{I}_{AH}/\dot{I}_{e2H}/1.732 \\ \dot{I}_M = \dot{I}_{AM}/\dot{I}_{e2M}/1.732 \\ \dot{I}_L = \dot{I}_{AL}/\dot{I}_{e2L} \end{cases} \qquad (6-40)$$

差动电流计算公式为:$\dot{I}_{dA} = \dot{I}_H + \dot{I}_M + \dot{I}_L$。制动电流的计算分为两种情况:两侧差动时,公式为 $\dot{I}_{rA} = 0.5 \cdot |\dot{I}_1 - \dot{I}_2|$;三侧及以上差动时,为各侧折算后电流的最大值。对于国内常见的自耦变,一般均应采取这种方式。下面是这种算法的示例。

① 差动速断及比率差门槛的校验。

设差动速断定值 $I_{SD} = 2$,则各侧单相实加动作电流应为

$$\begin{cases} \dot{I}_{AH} = I_{SD} \cdot \dot{I}_{e2H} \cdot 1.732 = 2 \cdot 0.634 \cdot 1.732 = 2.2 \text{ A} \\ \dot{I}_{AM} = I_{SD} \cdot \dot{I}_{e2M} \cdot 1.732 = 2 \cdot 0.703 \cdot 1.732 = 2.44 \text{ A} \\ \dot{I}_{AL} = I_{SD} \cdot \dot{I}_{e2L} = 2 \cdot 3.849 = 7.7 \text{ A} \end{cases}$$

设比率差动定值 $I_{dz} = 0.5$,则各侧单相实加动作电流应为

$$\begin{cases} \dot{I}_{AH} = I_{DZ} \cdot \dot{I}_{e2H} \cdot 1.732 = 0.55 \text{ A} \\ \dot{I}_{AM} = I_{DZ} \cdot \dot{I}_{e2M} \cdot 1.732 = 0.61 \text{ A} \\ \dot{I}_{AL} = I_{DZ} \cdot \dot{I}_{e2L} = 1.675 \text{ A} \end{cases}$$

② 比率差动比率制动曲线的验证。

设最小差动制动电流为 $0.5I_e$,则本装置的差动动作特性和 978CN 极为相似,区别是在第一段变成平的,没有了 0.2 的斜率;第三段的斜率固定为 0.6。对应动作方程简化如下,其中电流值均为标么值:

$$\begin{cases} I_\mathrm{d} > I_\mathrm{CDQD}(I_\mathrm{r} < 0.5) \\ I_\mathrm{d} > K[I_\mathrm{r} - 0.5] + 0.1 + I_\mathrm{CDQD}(0.5 < I_\mathrm{r} < 6) \\ I_\mathrm{d} > 0.6[I_\mathrm{r} - 6] + K \cdot 5.5 + 0.1 + I_\mathrm{CDQD}(I_\mathrm{r} > 6) \end{cases} \quad (6\text{-}41)$$

设 $I_\mathrm{CDQD} = 0.5$，比率制动系数 $K = 0.5$，则动作特性曲线如图 6-15 所示。

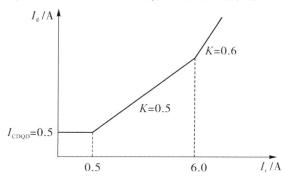

图 6-15 比率差动保护动作特性曲线 4

根据动作方程可以计算出曲线上任一点的坐标，设定 I_r 值，则动作电流为

$$\begin{cases} I_\mathrm{d} = 0.5(I_\mathrm{r} < 0.5) \\ I_\mathrm{d} = 0.5 \cdot (I_\mathrm{r} - 0.5) + 0.5(0.5 < I_\mathrm{r} < 6) \\ I_\mathrm{d} = 0.6 \cdot (I_\mathrm{r} - 6) + K \cdot 5.5 + 0.5(I_\mathrm{r} < 6) \end{cases} \quad (6\text{-}42)$$

选定几个 I_r 值，得出下面的一些点的坐标数据，如表 6-13 所列。

表 6-13 I_r 值相关点的数据   单位：A

序号	I_r	I_d	$I_1 = I_\mathrm{r}$	$I_2 = I_1 - I_\mathrm{d}$
1	0.5	0.50	0.5	0.00
2	1.0	0.75	1.0	0.25
3	3.0	1.75	3.0	1.25
4	6.0	3.25	6.0	2.75
5	7.0	3.85	7.0	3.15

若对高压侧和中压侧进行试验，则高压侧套用 I_1 的数据，中压侧套用 I_2 的数据，结合公式（6-42）可以得出一组数据。

$$\begin{cases} \dot{I}_\mathrm{AH} = \dot{I}_\mathrm{H} \cdot \dot{I}_\mathrm{e2H} \cdot 1.732 \\ \dot{I}_\mathrm{AM} = \dot{I}_\mathrm{M} \cdot \dot{I}_\mathrm{e2M} \cdot 1.732 \end{cases} \quad (6\text{-}43)$$

同样，在高对低的试验中，低压侧套用 I_2 的数据，结合公式 $\dot{I}_\mathrm{AL} = \dot{I}_\mathrm{L} \cdot \dot{I}_\mathrm{e2L}$，也

可以得出一组数据,如表6-14所列。

表6-14　高对低试验的相关数据　　　　　　　单位:A

序号	I_r	I_d	I_1	I_2	$\dot{I}_{AH} = 1.732 \cdot \dot{I}_1 \cdot \dot{I}_{e2H}$	$\dot{I}_{AM} = 1.732 \cdot \dot{I}_2 \cdot \dot{I}_{e2M}$	$\dot{I}_{AL} = \dot{I}_2 \cdot \dot{I}_{e2L}$
1	0.5	0.50	0.5	0.00	0.549	0.000	0.000
2	1.0	0.75	1.0	0.25	1.098	0.304	0.962
3	3.0	1.75	3.0	1.25	3.294	1.522	4.811
4	6.0	3.25	6.0	2.75	6.589	3.348	10.585
5	7.0	3.85	7.0	3.15	7.687	3.835	12.124

按照前面的电流补偿接线方式分别给两侧加电流,相角相差180°,I_1侧略小于表中算得值,I_2侧按照表中的数值直接输入。

③ 谐波制动。

二次谐波制动系数出厂时固定为0.15。用谐波菜单进行。试验时,按照补偿方式加单侧单相电流,差动计算电流刚超过比率差动门槛为宜。谐波比例超过定值时,保护应该不动;降低谐波比例后,保护动作。

④ 差流异常。

差流越限值为0.5倍最小差动电流值。根据公式计算,可得各侧单相实加电流:

$$\begin{cases} \dot{I}_{AH} = 0.5 \cdot I_{CDQD} \cdot \dot{I}_{e2H} \cdot 1.732 = 0.25 \cdot 0.634 \cdot 1.732 = 0.275 \text{ A} \\ \dot{I}_{AM} = 0.5 \cdot I_{CDQD} \cdot \dot{I}_{e2M} \cdot 1.732 = 0.25 \cdot 0.703 \cdot 1.732 = 0.304 \text{ A} \\ \dot{I}_{AL} = 0.5 \cdot I_{CDQD} \cdot \dot{I}_{e2L} = 0.25 \cdot 3.849 = 0.96 \text{ A} \end{cases}$$

算得各侧应加值进行试验。加单侧单相电流(按照补偿方式)。整定延时后,装置报差流异常。

(2) 增量差动保护

增量差动保护主要反映故障变化量。试验时应将故障量设置好后,直接从无到有加电流,这样所加的电流量就是增量。

增量保护动作方程如下:

$$\begin{cases} I_{OP} > 0.2I_e \\ I_{OP} > 0.65I_r \end{cases} \tag{6-44}$$

式中,差流值仍为各侧电流增量的矢量和:$\dot{I}_{OP} = \Delta\dot{I}_{H} + \Delta\dot{I}_{M} + \Delta\dot{I}_{L}$。制动电流为各侧电流增量的最大值:$\dot{I}_{r} = \max(\Delta\dot{I}_{H}, \Delta\dot{I}_{M}, \Delta\dot{I}_{L})$。对于这种固定参数的动作方程,可以由如下相对固定的一组试验数据(表6-15)来验证这一特性。

表 6-15　增量差动保护试验相关数据　　　　　单位:A

序号	I_r	I_d	I_1	I_2	$\dot{I}_{AH} = 1.732 \cdot \dot{I}_1 \cdot \dot{I}_{e2H}$	$\dot{I}_{AM} = 1.732 \cdot \dot{I}_2 \cdot \dot{I}_{e2M}$	$\dot{I}_{AL} = \dot{I}_2 \cdot \dot{I}_{e2L}$
1	0.200	0.20	0.20	0.00	0.220	0.000	0.000
2	0.307	0.20	0.31	0.11	0.337	0.131	0.414
3	1.000	0.65	1.00	0.35	1.098	0.426	1.347
4	2.000	1.3	2.00	0.70	2.196	0.852	2.694
5	3.000	1.95	3.00	1.05	3.294	1.278	4.041

注意,表6-15中高压侧仍套用的是I_1的值,中、低压侧套用的是I_2的值。若分别用中、低压侧来验证最小动作电流,则只需要用表中各侧实加电流公式套用I_1即可。

(3) 分侧差动保护

分侧差动保护的原理在前面已经讲过。虽然从名称上来说,分侧差动保护和 RCS-978 的零差不同,但其所套用的公式基本上都是一样的。在对其定值参数进行调整后,其动作特性可设置得完全一样。这样一来就可以用同样的方法进行其特性的验证。

平衡系数虽然在本装置的说明书中没有涉及,但实际运算过程中我们应和RCS-978 中一样做相同考虑。即规定变比最小侧系数为1,其他各侧系数为其变比和最小侧变比的比值。本例中参数的计算结果如下:

$$\begin{cases} K_H = 1 \\ K_M = CT_M/CT_H = 5000/2500 = 2.5 \\ K_N = CT_N/CT_H = 2500/2500 = 1 \end{cases}$$

设备侧的分差计算电流为

$$\begin{cases} \dot{I}_H = \dot{I}_H \cdot K_H \\ \dot{I}_M = \dot{I}_M \cdot K_M \\ \dot{I}_N = \dot{I}_N \cdot K_N \end{cases} \tag{6-45}$$

差动电流公式、制动电流公式都和 RCS-978 的一样：

$$\begin{cases} \dot{I}_d = \dot{I}_H + \dot{I}_M + \dot{I}_N \\ \dot{I}_r = \max\{\dot{I}_H, \dot{I}_M, \dot{I}_N\} \end{cases} \tag{6-46}$$

和 RCS-978 不同的是，本装置是将各侧电流折算到高压侧额定电流后进行计算和显示的。这一点和 SG-756 相同。所以，在根据特性曲线选取测试点计算各侧实加电流时，也应考虑高压侧额定电流：

$$\begin{cases} \dot{I}_H = \dot{I}_{eH} \cdot \dot{I}_H / K_H \\ \dot{I}_M = \dot{I}_{eH} \cdot \dot{I}_M / K_M \\ \dot{I}_N = \dot{I}_{eH} \cdot \dot{I}_N / K_N \end{cases} \tag{6-47}$$

单侧单相校验时，直接用门槛定值 I_{OP} 替换公式中的 $\dot{I}_H$、$\dot{I}_M$、$\dot{I}_N$ 即可。分侧差动动作特性为两段折线，对应的动作方程如下，其中电流值均为相对于 I_{eH} 的比值。

$$\begin{cases} I_{OP} > I_{OP.0}(I_{res} < I_{res.0}) \\ I_{OP} > S(I_{0r} - 0.5) + I_{OP.0}(I_{res} > I_{res.0}) \end{cases} \tag{6-48}$$

整定 $I_{OP.0} = 0.5$，比率制动系数 $S = 0.5$，动作特性曲线如图 6-16 所示。

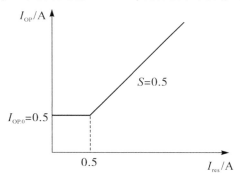

图 6-16　分侧差动动作特性曲线

根据动作方程可以计算出曲线上任一点的坐标。设定 I_{res} 值，计算 I_{OP} 值如表 6-16 所列。

表 6-16　分侧差动保护试验相关数据　　　　　　单位：A

序号	I_{res}	I_{OP}	I_1	I_2	$\dot{I}_{AH} = \dot{I}_1 \cdot \dot{I}_{e2H}/1$	$\dot{I}_{AM} = \dot{I}_2 \cdot \dot{I}_{e2H}/2$	$\dot{I}_{AN} = \dot{I}_2 \cdot \dot{I}_{e2H}/1$
1	0.5	0.50	0.5	0.00	0.317	0.000	0.000

序号	I_{res}	I_{OP}	I_1	I_2	$\dot{I}_{AH} = \dot{I}_1 \cdot \dot{I}_{e2H}/1$	$\dot{I}_{AM} = \dot{I}_2 \cdot \dot{I}_{e2H}/2$	$\dot{I}_{AN} = \dot{I}_2 \cdot \dot{I}_{e2H}/1$
2	0.8	0.65	0.8	0.15	0.507	0.048	0.095
3	1.0	0.75	1.0	0.25	0.634	0.079	0.159
4	2.0	1.25	2.0	0.75	1.268	0.238	0.476
5	3.0	1.75	3.0	1.25	1.902	0.396	0.793
6	4.0	2.25	4.0	1.75	2.536	0.555	1.110

(4) TA 异常闭锁差动

TA 异常闭锁差动的逻辑范围包括比率差动、增量差动、分侧差动,不包含差动速断。首先要模拟 TA 异常。经试验,本装置仅加高压侧三相电流然后一相断线 10 s 后即可报 TA 异常。注意,这时三相电流不能大于 $0.25I_e$,即差流告警定值。用状态序列试验如下:

状态 1:高压侧三相对称电流 0.13 A($0.2I_e$),延时 5 s;

状态 2:A 相电流降为 0,其他两相不变,延时 11 s;

状态 3:A 相电流升至 1 A,其他两相不变,延时 0.1 s。

TA 断线闭锁控制字为"0"时,差动动作;TA 断线闭锁控制字为"1"时,差动不动作。

6.5.2 后备保护

对于后备保护来说,验证其跳闸矩阵是一项很重要的工作。实际对于本装置来说,包括差动在内的各功能模块的出口跳闸矩阵都需要在现场根据定值进行整定。

(1) 过激磁保护

本保护过激磁倍数的基准电压为线电压,其大小可以整定。试验时宜用三相对称电压进行。控制字"保护安装侧"投"0"时,检测高压侧电压;投"1"时,检测中压侧电压。

(2) 阻抗保护

本装置的阻抗保护没有像 RCS-978 那样设有阻抗方向控制字,而是直接利用灵敏角的整定来实行动作特性对指向的适应。其阻抗特性仍为圆特性,阻抗定值包括动作阻抗 Z、偏移因子 α、灵敏角,以及延时等。动作阻抗就是沿灵敏角方向的最大动作阻抗,偏移因子乘以动作阻抗 αZ 就是沿反方向的最小动作阻抗。理解这些定值后就可以看出,其实其特性和 RCS-978 是一样的。动作特性方程如图 6-17 所示。

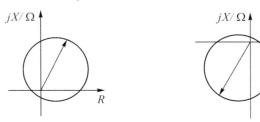

（a）灵敏角在第一象限时　　　　（b）灵敏角在第三象限时

图 6-17　阻抗保护动作特性方程图 4

（3）零序方向过流保护

零序方向过流的方向指向设有控制字。方向控制字为"1"时指向主变,灵敏角为 $-110°$;方向控制字为"2"时指向母线,灵敏角为 $70°$。对说明书中的动作区图等效转换后表示如图 6-18 所示。在整组菜单中选择单相接地故障,故障阻抗角的值取反就是零序电流的角度,而零序电压的角度可以始终视为 $180°$。

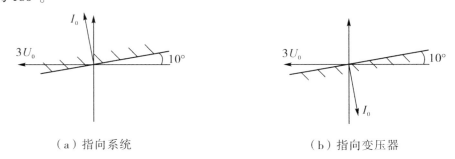

（a）指向系统　　　　　　　　（b）指向变压器

图 6-18　零序方向过流保护的方向特性图

这种方法的原理参见《零序方向元件动作特性另类扫描》。注意图 6-18 中已经将 $3U_0$ 旋转置于 $180°$ 方向。

(4)过流保护

过流方向控制字为"1"时指向主变,灵敏角为-30°;方向控制字为"2"时指向母线,灵敏角为150°。功率方向元件采用90°接线方式。按照这种设置所绘制的动作区间图参见说明书。为了试验方便,对其进行等效转换后得到如下的动作区示如图6-19所示。和RCS-978类似,试验时需要投相间后备保护压板,但要用单相故障来验证边界才能正确反应。扫描方向特性时仍可以通过观察短路阻抗角的方式。阻抗角的值取反便是故障电流的实际方向。

（a）指向主变　　　　　　　　　　　　（b）指向母线

图6-19　方向过流保护方向元件的动作特性图3

试验宜时退方向闭锁控制字。复合电压闭锁通过控制字可以选择经本侧或经三侧,一般投"1",选择经本侧进行试验。

(5)低压侧绕组过流

低压侧电流分为两组线圈,一组反映低压侧开关电流,一组反映低压侧绕组电流。对于750 kV的分相式变压器来说,这两组电流可能是不一样的。绕组过流需要在专用绕组电流的通道上加电流试验。

6.6　B公司DPT-530变压器失灵保护

本装置包含失灵启动和解除失灵复压闭锁两个独立的功能。

6.6.1　失灵启动

失灵启动有三个判据:相电流、零序电流、负序电流。满足任意一个,则出口启动失灵。

（1）相电流

相电流启动失灵是唯一不经控制字投退的功能。若加单相电流超过该项定值，则相电流失灵启动，但不出口。若同时开入保护动作接点，则失灵启动出口。

（2）零序电流

为避免相电流的启动，零序电流的输入应采用两相叠加的方式。拟输入零序电流 1.6 A，则实际电流如下：$\dot{I}_A = 0.8 \text{ A}\angle 0°$，$\dot{I}_B = 0.8 \text{ A}\angle 0°$，$\dot{I}_C = 0 \text{ A}\angle 0°$。加量后，有保护动作接点开入，失灵启动并出口。

（3）负序电流

同样，为避免相电流的启动，负序电流的输入应采用两三相对称的方式。拟输入负序电流 1.0 A，则实际电流如下：$\dot{I}_A = 1.0 \text{ A}\angle 0°$，$\dot{I}_B = 1.0 \text{ A}\angle 120°$，$\dot{I}_C = 1.0 \text{ A}\angle -120°$。加量后，有保护动作接点开入，失灵启动并出口。在 2006 年及以后的产品中，厂家已经将负序定值改成 3 倍的负序分量。此处若定值为 1 A，则只需直接输入单相电流为 1 A 以上即可满足。

6.6.2　解除失灵复压闭锁

解除失灵复压闭锁分为电流解除和电压解除两种方式。电流解除的判据包括相电流、零序电流、负序电流，电压解除的判据包括低电压和负序电压。各判据都有控制字可以投退。电流解闭锁的试验方法与失灵启动相同，加量后开入保护动作接点，则解闭锁接点闭合。

6.6.3　电压解除失灵复压闭锁

电压解闭锁引入了变压器三侧的电压，任一侧的电压满足判据解闭锁都可以出口。

低电压：本保护的低电压只判 A、C 相电压，若 U_{AC} 采样小于定值，同时有保护动作接点开入，则解闭锁出口。

负序电压：若加三相负序电压，同时有保护动作接点开入，则解闭锁出口。

7 电抗器保护

7.1 D 公司 RCS-917 电抗器成套保护装置

本装置的主保护包括差动保护和匝间保护。差动保护又分为差动速断、比例差动、零差速断、零序比例差动。其原理和动作方程都和 RCS-978 极为相似，试验方法也基本相同。

7.1.1 差动保护

这里沿用了二次额定电流 I_e 的概念，所有定值都以 I_e 为基准。由于电抗器大多数情况下首端和尾端的 TA 变比都是一样的，一般不用考虑两侧电流归算的问题，只需要根据公式 $I_e = (S/U_e)/n$ 计算出二次额定电流即可按照动作方程进行计算，因此电抗器保护要比主变保护简单。

以 750 kV 信义变乾县二线并联电抗器为例，$S = 100$ Mvar，$U_e = 800/\sqrt{3}$ kV，$n = 400/1$，计算可得一次额定电流为 216.5 A。二次额定电流 I_e 为 0.541 25 A。

一般大家可能以为电抗器的容量和额定电流的关系应该和变压器的计算方法一样，但实际上变压器的容量常常是按总容量来说的，而电抗器一般都是分相式的，铭牌上的容量都是单相容量，计算过程也就不同。而且，一般在电抗器铭牌上都直接标有其一次额定电流，可以直接拿来计算二次值。

(1) 差动速断

差动速断只需要单侧加电流超过定值即可。注意所有电流定值的单位都是 I_e，也就是说试验仪所加的电流为定值乘以 I_e。

(2) 比率差动

比率差动动作特性沿用 RCS-978 的主变保护。动作方程完全一样：

$$\begin{cases} I_d > 0.2I_r + I_{CDQD}(I_r < 0.5) \\ I_d > K[I_r - 0.5] + 0.1 + I_{CDQD}(0.5 < I_r < 6) \\ I_d > 0.75[I_r - 6] + K \cdot 5.5 + 0.1 + I_{CDQD}(I_r > 6) \end{cases} \quad (7-1)$$

设 $I_{CDQD} = 0.5$，比率制动系数 $K = 0.6$，则动作特性曲线如图 7-1 所示，计算得一组数据如表 7-1 所列。试验时选取 I_1、I_2 相差 180°，分别加在首、尾端即可[50]。

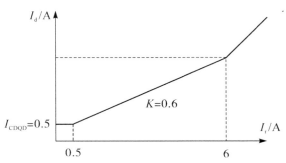

图 7-1　比率差动保护动作特性曲线 1

表 7-1　比率差动保护动作特性曲线相关数据　　　　单位：A

序号	I_r	I_d	I_1	I_2	$\dot{I}_T = \dot{I}_1 \cdot \dot{I}_e$	$\dot{I}_N = \dot{I}_2 \cdot \dot{I}_e$
1	0.28	0.556	0.558	0.002	0.302	0.001
2	0.50	0.600	0.800	0.200	0.433	0.108
3	1.00	0.900	1.450	0.550	0.785	0.298
4	3.00	2.100	4.050	1.950	2.192	1.055
5	6.00	3.900	7.950	4.050	4.303	2.192
6	7.00	4.500	9.250	4.750	5.007	2.571

注：$\dot{I}_T$ 为 I_1（并联电抗器端口侧电流）侧有名值，$\dot{I}_N$ 为 I_2（并联电抗器中性点侧电流）侧有名值。

(3) 零序差动

零序差动启动定值采用差动启动定值 0.4。其动作特性曲线为两段折线，第一段斜率固定为 0.1，第二段斜率固定为 0.4，如图 7-2 所示。

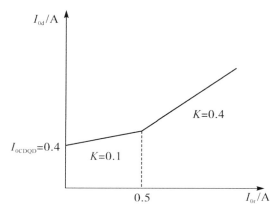

图 7-2 零序差动保护动作特性曲线

动作方程：

$$\begin{cases} I_{d0} > 0.1 I_{r0} + I_{0CDQD}(I_{r0} < 0.5) \\ I_{d0} > 0.4 \cdot [I_{r0} - 0.5] + 0.05 + I_{0CDQD}(0.5 < I_{r0}) \end{cases} \quad (7-2)$$

式中,差动电流 I_{d0} 为两侧零序电流矢量和,制动电流 I_{r0} 为两次零序电流较大者,A。

由于试验时两侧电流相差 $180°$,因此若再固定 $I_1 > I_2$,则 $I_{d0} = I_1 - I_2$, $I_{r0} = I_1$,可得到下面一组数据,如表 7-2 所列。

表 7-2 I_0 相关试验数据   单位:A

序号	I_{r0}	I_{d0}	I_1	I_2	$\dot{I}_T = \dot{I}_1 \cdot \dot{I}_e$	$\dot{I}_N = \dot{I}_2 \cdot \dot{I}_e$
1	0.28	0.428	0.28	-0.148	0.152	-0.080
2	0.50	0.450	0.50	0.050	0.271	0.027
3	1.00	0.650	1.00	0.350	0.541	0.189
4	3.00	1.450	3.00	1.550	1.624	0.839
5	6.00	2.650	6.00	3.350	3.248	1.813
6	7.00	3.050	7.00	3.950	3.789	2.138

这里需要注意的是,第一个点 I_2 显示为负值,实际就是指首尾两端加相同方向的电流,其余各点应按照前面约定的前提,使两侧电流相差 $180°$。

(4) TA 断线闭锁差动

TA 断线和 TA 异常是两个不同的概念。TA 断线一旦发生将不能自动恢复,装置会一直报警,由 TA 断线引起的逻辑将一直有效。TA 异常是零序或负序电流大于 $0.06I_n$ 持续 10 s 后发出报警,电流恢复正常后报警也会自动恢复。

对于 TA 断线闭锁差动逻辑的认识如下:

①前提是差动保护启动。

②根据四个判据确定是故障还是 TA 断线造成的启动,若满足任一判据(工频变化量电压元件启动;负序相电压大于 6 V;启动后任一侧任一相电流比启动前增加;启动后最大相电流大于 $1.1I_e$),则判断为故障,直接执行差动方程判别逻辑。

③若不满足任一判据,则认为是差动回路 TA 异常造成的差动保护启动,这时候才执行由"TA 断线闭锁差动控制字"确定的动作逻辑。

④当 TA 断线闭锁控制字为"0"时,不闭锁差动及零差;当 TA 断线闭锁控制字为"1"时,闭锁零差及差流小于 $1.2I_e$ 的比例差动;当 TA 断线闭锁控制字为"2"时,闭锁所有差动。

根据上述分析,这一逻辑的试验过程如下,I_e 仍为 0.54 A。

第一步:

状态 1:六相对称穿越电流 0.5 A,延时 3 s。

状态 2:I_{1A} 降为 0,其他五相同状态 1,延时 2 s。

当 TA 断线闭锁控制字为"0"时,比例差动及零序差动动作;当 TA 断线闭锁控制字为"1"时,比例差动及零序差动均不动作。

第二步:

状态 1:六相对称穿越电流 0.5 A,延时 3 s。

状态 2:I_{1A} 降为 0,其他五相同状态 1,延时 2 s。

状态 3:I_{2A} 设为 0.8 A,其他五相同状态 2。

当 TA 断线闭锁控制字为"1"时,比例差动动作;当 TA 断线闭锁控制字为"2"时,比例差动及零序差动均不动作。

本过程也可以用两侧单相电流模拟。

7.1.2 匝间保护

匝间保护实际上校验的只是一个动作范围。模拟时需要满足 U_0/I_0 远小于零序阻抗定值。

用整组菜单,选 A 相接地故障,短路电流为 3 A,短路阻抗为 1 Ω。此时 $3U_0$

位于180°位置,短路阻抗角取反即为$3I_0$的角度。试验后结果如图7-3所示。

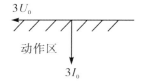

图 7-3　匝间保护动作范围 1

注意,故障电流加在高压侧电流通道上。

7.2　D 公司 WKB-801A 电抗器保护

正确输入一次额定电流和相应 CT 变比等设备参数后,本装置会自动计算出相关的计算定值,各功能模块的动作逻辑都要以这些计算定值为依据。其中两个基本的参数就是主电抗器二次额定电流 $I_{e.L.2}$、小电抗器二次额定电流 $I_{e.N.2}$。一般来说,在校验的过程中可以不用考虑这些定值是如何计算的,直接用计算定值进行设置模拟即可。如果感兴趣的话,可以参考说明书里所附的装置内部固定定值清单。主电抗一次额定电抗、小电抗一次额定电抗这两项参数有时并未在设备名牌上显示,就需要利用现有参数进行计算。比如,750 kV 乾县Ⅱ线并联电抗器主电抗铭牌参数有:额定容量 S(100 kVar),额定电压 U(800/$\sqrt{3}$ kV),额定电流 I(216.5 A)。小电抗铭牌参数有:额定容量 S(90 kVar),额定电流 I(10 A)。则主电抗一次额定电抗等于 U/I,即 800 000 ÷ $\sqrt{3}$ ÷ 216.5 = 2133 Ω;小电抗一次额定电抗等于 S/I^2,即 9000 ÷ 10^2 = 900 Ω。

7.2.1　分相电流差动保护

(1) 差动速断

差动速断定值固定为 3 倍主电抗器二次额定电流 $I_{e.L.2}$,也可以直接查看装置输出计算定值的相应项目。单侧单相加电流超过定值 3·0.54 = 1.62 A 即可。

(2) 比例差动

比率差动动作方程如下:

$$\begin{cases} I_{OP} > I_{OP.0} (I_{res} < I_{res.0}) \\ I_{OP} > I_{OP.0} + S(I_{res} - I_{res.0})(I_{res} > I_{res.0}) \\ I_{OP} = |I_T + I_N| \\ I_{res} = |I_T - I_N|/2 \end{cases} \tag{7-3}$$

设最小动作电流 $I_{OP.0} = 0.4 I_{e.L.2}$，最小制动电流 $I_{res.0} = 0.8 I_{e.L.2}$，比率制动系数 $S = 0.6$，I_T、I_N 分别为首端和尾端的相电流。动作特性曲线如图 7-4 所示，计算得一组数据如表 7-3 所列。试验时选取 I_1、I_2 相差 180°，分别加在首尾端即可。

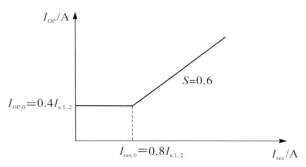

图 7-4　比率差动保护动作特性曲线 2

表 7-3　比率差动保护动作特性曲线相关数据 2　　　　单位:A

序号	I_r	I_d	I_1	I_2	$\dot{I}_T = \dot{I}_1 \cdot \dot{I}_e$	$\dot{I}_N = \dot{I}_2 \cdot \dot{I}_e$
1	0.2	0.40	0.40	0.00	0.217	0.000
2	0.8	0.40	1.00	0.60	0.541	0.325
3	2.0	1.12	2.56	1.44	1.386	0.779
4	4.0	2.32	5.16	2.84	2.793	1.537
5	6.0	3.52	7.76	4.24	4.200	2.295
6	7.0	4.12	9.06	4.94	4.904	2.674

(3) 零序差动

其动作特性曲线为两段折线,第一段水平,第二段斜率固定为 0.75,最小启动电流为 $0.3I_e$(图 7-5)。

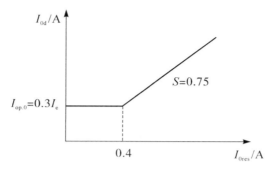

图 7-5 零序差动保护动作特性曲线 2

动作方程：

$$\begin{cases} I_{OP} > I_{OP.0} \\ I_{d0} > S \cdot I_{res} \\ I_{OP.0} = |3I_{T0} + 3I_{N0}| \\ I_{res.0} = |3I_{T0} - 3I_{N0}| \end{cases} \quad (7-4)$$

式中，制动电流 $I_{res.0}$ 方程和以往的其他装置都不相同。

试验时两侧加单相电流，相差 $180°$，固定 $I_1 > I_2$，则 $I_{OP.0} = I_1 - I_2$，$I_{res.0} = I_1 + I_2$。根据上述参数可以求得一组参数，如表 7-4 所列。

表 7-4 零序差动保护动作特性曲线相关数据 单位：A

序号	I_r	I_d	I_1	I_2	$\dot{I}_T = \dot{I}_1 \cdot \dot{I}_e$	$\dot{I}_N = \dot{I}_2 \cdot \dot{I}_e$
1	0.3	0.30	0.300	0.000	0.162	0.000
2	0.8	0.30	0.550	0.250	0.298	0.135
3	2.0	1.50	1.750	0.250	0.947	0.135
4	4.0	3.00	3.500	0.500	1.894	0.271
5	6.0	4.50	5.250	0.750	2.842	0.406
6	7.0	5.25	6.125	0.875	3.315	0.474

(4) TA 断线闭锁差动

按下述状态序列菜单进行：

状态 1：六相对称穿越电流 0.25 A，延时 5 s。

状态 2：I_{1A} 降为 0，其他五相同前，延时 1 s。

当 TA 断线闭锁控制字为"0"时,差动动作;当 TA 断线闭锁控制字为"1"时,差动不动作,闭锁有效。

7.2.2 匝间保护

本装置的原理和 RCS-917 不同,虽然现场校验的也只是一个动作范围,但和定值及故障电流的设定关系很大。这里仍以前面示例的电抗器设备参数为前提。

用整组菜单,选 A 相接地故障,短路电流为 3 A,短路阻抗为 1 Ω。此时 $3U_0$ 位于 180°位置,短路阻抗角取反即为 $3I_0$ 的角度。试验后结果大致如图 7-6 所示。

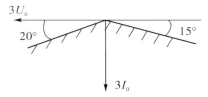

图 7-6 匝间保护动作范围 2

这里的试验结果只是针对当时的参数所得的,角度值只能定性地表示一个动作范围。匝间保护的实质性原理还需要参考说明书。

7.3 C 公司 PCS-917A-G 高压并联电抗器成套保护装置

PCS-917 高压并联电抗器成套保护装置适用于 220 kV 及以上各电压等级并需要提供双套主保护和双套后备保护的各种接线方式的超高压并联电抗器。

7.3.1 稳态差动保护

由于电抗器首端、末端的 CT 变比可能出现不同,因此在构成差动继电器前必须消除这个影响。现在的数字式电抗器保护装置都利用数字的方法对变比进行补偿。以下说明的前提均为已消除了电抗器各侧 CT 变比的差异。

动作方程如式(7-5)所示:

$$\begin{cases} I_\mathrm{d} > I_\mathrm{CDQD} & (I_\mathrm{r} \leqslant 0.75I_\mathrm{e}) \\ I_\mathrm{d} > K_\mathrm{BL}I_\mathrm{r} & (0.75I_\mathrm{e} \leqslant I_\mathrm{r}) \\ I_\mathrm{d} = |\dot{I}_1 + \dot{I}_2| \\ I_\mathrm{r} = \dot{I}_2 \end{cases} \tag{7-5}$$

$$\begin{cases} I_\mathrm{d} > 0.6[I_\mathrm{r} - 0.8I_\mathrm{e}] + 1.2I_\mathrm{e} \\ I_\mathrm{r} > 0.8I_\mathrm{e} \end{cases} \tag{7-6}$$

式(7-5)和(7-6)中,I_e为电抗器额定电流;I_1、I_2分别为电抗器首端、末端电流; I_CDQD为稳态差动保护启动定值;I_d、I_r分别为差动电流、制动电流;K_BL为比率制动系数整定值($0.2 \leqslant K_\mathrm{BL} \leqslant 0.75$),装置中固定设为$K_\mathrm{BL} = 0.4$。

稳态差动保护按相判别,满足以上条件时动作,差动速断保护不经任何条件闭锁动作。稳态差动保护动作特性曲线如图7-7所示。

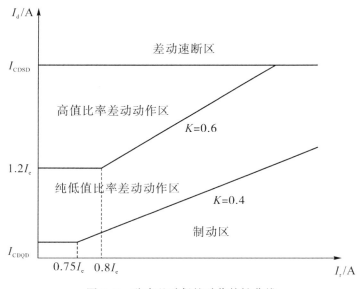

图7-7 稳态差动保护动作特性曲线

(1)平衡校验

I_1、I_2分别为电抗器首、末端的额定电流,首尾电流相差180°,差流应为0,数据如表7-5所列。

表 7-5　平衡校验电流值 1　　　　　　　　　　　　单位:A

相别	首端(基准侧)	末端	装置显示差流	制动电流
A 相	$I_{1A} \angle 0°$	$I_{2A} \angle 180°$	—	I_{2A}
B 相	$I_{1B} \angle 0°$	$I_{2B} \angle 180°$	—	I_{2B}
C 相	$I_{1C} \angle 0°$	$I_{2C} \angle 180°$	—	I_{2C}

(2)特性校验

① 低值比率差动。

设 c 点 $I_r = I_e$，d 点 $I_r = 2I_e$，则校验值与计算值基本相符，$K = 0.4$。校验结果如表 7-6 所列。

表 7-6　低值比率差动校验电流值　　　　　　　　　单位:A

电流名称	起点	$0.75I_e$($拐点$)	c 点(边界点)	d 点(边界点)
I_1	I_{CDQD}	$I_{CDQD} + 0.75I_e$	$I_{CDQD} + 1.1I_e$	$I_{CDQD} + 2.5I_e$
I_2	0	$0.75I_e$	I_e	$2I_e$
I_d	I_{CDQD}	I_{CDQD}	$I_{CDQD} + 0.1I_e$	$I_{CDQD} + 0.5I_e$
I_r	0	$0.75I_e$	I_e	$2I_e$

② 高值比率差动。

设 c 点 $I_r = I_e$，d 点 $I_r = 2I_e$，则校验值与计算值基本相符，$K = 0.6$。校验结果如表 7-7 所列。

表 7-7　高值比率差动校验电流值　　　　　　　　　单位:A

电流名称	起点	$0.8I_e$($拐点$)	c 点(边界点)	d 点(边界点)
I_1	$1.2I_e$	$2I_e$	$2.32I_e$	$3.92I_e$
I_2	0	$0.8I_e$	I_e	$2I_e$
I_d	$1.2I_e$	$1.2I_e$	$1.32I_e$	$1.92I_e$
I_r	0	$0.8I_e$	I_e	$2I_e$

(3)励磁涌流闭锁

① 二次谐波制动测试。

二次制动系数为 0.15,投入差动保护控制字,投入保护软、硬压板,CT 断线闭锁控制为"0"。给首端加单相基波电流 1 A,二次谐波电流 0.2 A,差动保护应不动作;逐渐减少二次谐波的电流幅值,减少的步长为 0.01 A,直到差动保护动作。

②三次谐波制动测试。

三次制动系数为 0.2,投入差动保护控制字,投入保护软、硬压板,CT 断线闭锁控制为"0"。给首端加单相基波电流 1 A,二次谐波电流 0.25 A,差动保护应不动作;逐渐减少二次谐波的电流幅值,减少的步长为 0.01 A,直到差动保护动作。

(4)CT 断线闭锁差动

末端电流输入 0,首端单相电流输入 0.11 A,保护不启动;缓慢(间隔 3 s)加大首端电流,步长为 0.01 A,直到装置报 CT 断线。

(5)差动速断保护

当任一相差动电流大于差动速断整定值时,瞬时动作。

(6)差流异常

首端加三相对称电流 0.11 A,持续 10 s,差流异常报警动作;退电流,10 s 后,报警复归。首端加单相电流 0.11 A,持续 10 s,差流异常报警动作,报首端 CT 断线;退电流,10 s 后,差流异常报警复归,CT 断线报警不复归。

7.3.2 匝间保护

(1)零序方向元件动作特性

当电抗器内部匝间短路故障时,零序电流的相位超前零序电压接近 90°;当电抗器内部单相接地短路故障时,零序电流的相位超前零序电压;而电抗器外部单相接地短路故障时,零序电流的相位则落后零序电压。因此,可以利用电抗器首端零序电流与零序电压的相位关系来区分电抗器的匝间短路、内部接地短路和外部接地短路。

自适应补偿型零序功率方向元件的动作方程如下:

$$-180° < \arg \frac{(3\dot{U}_0 + kZ_0 \cdot 3\dot{I}_0)}{3\dot{I}_0} < 0° \qquad (7-7)$$

式中，I_0、U_0 分别为电抗器首端的自产零序电流与自产零序电压，Z_0 为电抗器的零序电抗(包含中性点小电抗在内的电抗器零序电抗)；k 为浮动的参数(0~0.8)，它随零序电压、零序电流的大小而变化。方向元件所用电压固定取自产零序电压，零序电流采用首端自产零序电流。

校验：投入匝间保护控制字，投入保护软、硬压板。

A 相加电流 0.1 A∠0°、电压 10 V∠3°，其余为 0，此时匝间保护不动作；逐步减小 A 相电压角度，步长为 1°，匝间保护动作时，A 相电压相位为 1°。

A 相加电流 0.1 A∠180°、电压 10 V∠0°，其余为 0，此时匝间保护不动作；逐步减小 A 相电流角度，步长为 1°，匝间保护动作时，A 相电流相位为 178°。

方向元件的动作区间为(−178°，1°)。

(2)零序阻抗元件动作特性

电抗器的一次零序阻抗一般为几千欧姆，而系统的一次零序阻抗通常为几十欧姆左右。保护装置可以通过测量电抗器端口的零序阻抗，判断是否发生匝间故障。在电抗器发生匝间短路和内部单相接地故障时，电抗器端口测量到的零序阻抗是系统的零序阻抗；在电抗器发生外部单相接地故障时，电抗器端口测量到的零序阻抗是电抗器的零序阻抗。利用两者测量数值上的较大差异，可以区分电抗器的匝间短路、内部接地短路和外部接地短路[51]。

校验：投入匝间保护控制字，投入保护软、硬压板。

A 相电流 0.2 A∠90°、电压 50 V∠0°，此时匝间保护不动作；逐步减小 A 相电压，步长为 0.2 V，记下匝间保护动作时的 A 相电压。

当装置判断出电抗器首端 CT 异常与断线时，匝间短路保护退出运行；当装置判断出 PT 异常时，匝间短路保护退出运行。当负序电流(零序电流)大于 $0.06I_n$ 后延时 10 s 报该侧 CT 异常，同时发出报警信号，在电流恢复正常后延时 10 s 恢复。

7.3.3 PT 异常

PT 异常的判别判据如下：
①正序电压小于 30 V，且任一相电流大于 $0.04I_n$。
②负序电压大于 8 V。
③相电压中的三次谐波分量超过 10 V，用来检测 PT 的 N 线是否正常。

校验：

①加幅值为 57 V 的三相正序对称电压，并让 A 相电压的三次谐波含量为 11 V，持续 10 s，报 PT 异常。

②在首端加幅值为 0.10 A 的三相对称电流，加幅值为 20 V 的三相对称电压，持续 10 s，报 PT 异常。

③加幅值为 10 V 的三相对称负序电压，持续 10 s，报 PT 异常。

7.3.4　CT 异常报警

CT 异常的判据为：当负序电流（零序电流）大于 $0.06I_n$ 后延时 10 s 报该侧 CT 异常，同时发出报警信号，在电流恢复正常后延时 10 s 恢复。继电保护测试仪加大于 0.06 A 的负序电流（零序电流），持续 10 s，报 CT 异常。

7.3.5　主电抗器过流保护

电抗器的过流保护主要是作为电抗器内部接地短路或相间短路故障的后备保护。装置设有一段定时限过流保护，该保护固定用电抗器首端 CT 的电流。投入主电抗器过流控制字，投入保护软、硬压板，用继电保护测试仪电流菜单分相做即可。

7.3.6　主电抗器过负荷保护

当电抗器运行电压升高时，可能引起电抗器过负荷。电抗器过负荷报警固定用电抗器首端 CT 的电流。当系统发生单相接地或在单相断开线路期间时，中性点电抗器会流过较大电流。装置设有中性点电抗器过负荷报警功能，用于监视电抗器的三相不平衡电流。中性点电抗过负荷保护固定用电抗器末端 CT 的自产零序电流。用继电保护测试仪电流菜单分相做即可。

7.3.7　零序过流保护

零序过流保护是主电抗器内部接地短路故障和匝间短路故障的后备保护，其固定用电抗器首端 CT 的自产零序电流[52]。用继电保护测试仪电流菜单加零序电流即可。

7.4 A 公司 CSC-330A-G 数字式电抗器保护装置

CSC-330A-G 数字式电抗器保护装置(以下简称"装置"或"产品")是基于 DSP 和 MCU 合一的 32 位单片机,采用一体化设计思想,适用于 220~1000 kV 至更高电压等级的各种类型的高压并联电抗器的保护装置。

7.4.1 差动保护

主电抗器的比率制动差动特性,由差动速断、比率制动特性组成,其中比率制动采用三段折线特性[21](图 7-8)。差动速断的动作方程为 $I_{DZ} > I_{SD}$,其中 I_{DZ} 为动作电流,I_{SD} 为速断定值。

比率制动差动保护的动作方程如式(7-8)所示:

$$\begin{cases} I_{DZ} > K_{ID1} \times I_{ZD} + I_{CD} & I_{ZD} < I_{B1} \\ I_{DZ} > K_{ID2} \times (I_{ZD} - I_{B1}) + K_{ID1} \times I_{B1} + I_{CD} & I_{B1} \leqslant I_{ZD} < I_{B2} \\ I_{DZ} > K_{ID3} \times (I_{ZD} - I_{B2}) + K_{ID2} \times (I_{B2} - I_{B1}) + K_{ID1} \times I_{B1} + I_{CD} & I_{B2} \leqslant I_{ZD} \end{cases}$$

$$(7-8)$$

式中,I_{ZD} 为制动电流;K_{ID1}、K_{ID2}、K_{ID3} 分别为各段的比率制动斜率,装置内部分别固定为 0.2、0.4 和 0.6;I_{B1}、I_{B2} 均为拐点电流,其中 I_{B1} 在装置内部固定为 $0.5I_{rl2n}$,I_{B2} 在装置内部固定为 $1.0I_{rl2n}$;I_{CD} 为差动最小动作电流定值,I_{rl2n} 为末端电流二次额定值。

I_{DZ}、I_{ZD} 的计算公式如式(7-9)所示,其中 I_1、I_2 分别为首端、末端电流,正常运行相位相差 180°。

$$\begin{cases} I_{DZ} = |\dot{I}_1 + \dot{I}_2| \\ I_{ZD} = |\dot{I}_2| \end{cases}$$

$$(7-9)$$

当首端和末端 CT 变比不一致时,选取末端电流为基准侧,首端电流的平衡系数计算由软件完成,用户免整定。平衡系数的计算方法如下:

① 计算电抗器的一次额定电流:

$$I_{rln} = \frac{S_n}{\sqrt{3} U_{1n}}$$

$$(7-10)$$

式中,S_n 为电抗器三相额定容量,U_{1n} 为电抗器一次额定电压(应以运行的实际电压为准)。

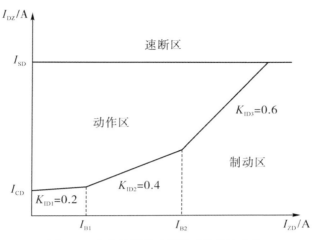

图 7-8　主电抗器差动保护动作特性曲线

② 计算电抗器首端和末端的二次额定电流:

$$I_{rH2n} = \frac{I_{r1n}}{n_{a.1}} \qquad (7-11)$$

$$I_{rL2n} = \frac{I_{r1n}}{n_{a.2}} \qquad (7-12)$$

③ 以末端电流为基准,计算电抗器的首端平衡系数:

$$K_{pH} = \frac{I_{rL2n}}{I_{rH2n}} = \frac{n_{a.1}}{n_{a.2}} \qquad (7-13)$$

④ 将首端电流与平衡系数相乘,即得补偿后的各相电流。

当首端和末端 CT 变比一致时,平衡系数为 1。

(1)平衡校验

I_1、I_2 分别为电抗器首端、末端的额定电流,首尾电流相差 180°,差流应为 0。校验结果如表 7-8 所列。

表 7-8　平衡校验电流值 2　　　　　　　　　　　　　单位:A

相别	首端	末端	装置显示差流	制动电流
A 相	$K_{pH} \cdot I_{1A} \angle 0°$	$I_{2A} \angle 180°$	—	I_{2A}
B 相	$K_{pH} \cdot I_{1B} \angle 0°$	$I_{2B} \angle 180°$	—	I_{2B}

续表

相别	首端	末端	装置显示差流	制动电流
C 相	$K_{pH} \cdot I_{1C} \angle 0°$	$I_{2C} \angle 180°$	—	I_{2C}

（2）特性校验

设 d 点 $I_{ZD} = 2I_{rl.2n}$，则校验值与计算值基本相符。校验结果如表 7-9 所列。

表 7-9　特性校验电流值 1　　　　　　　　　　　单位：A

电流名称	a 点（起点）	b 点（拐点 1）	c 点（拐点 2）	d 点（边界点，斜率 0.6）
I_1	$K_{pH} \cdot I_{CD}$	$K_{pH} \cdot (0.6I_{rl.2n} + I_{CD})$	$K_{pH} \cdot (1.3I_{rl.2n} + I_{CD})$	$K_{pH} \cdot (2.9I_{rl.2n} + I_{CD})$
I_2	0	$0.5I_{rl.2n}$	$1.0I_{rl.2n}$	$2I_{rl.2n}$
I_d	I_{CD}	$0.1I_{rl.2n} + I_{CD}$	$0.3I_{rl.2n} + I_{CD}$	$0.9I_{rl.2n} + I_{CD}$
I_r	0	$0.5I_{rl.2n}$	$1.0I_{rl.2n}$	$2I_{rl.2n}$

（3）差动速断保护检验

差动速断保护在 1.05 倍定值时，应可靠动作；在 0.95 倍定值时，应可靠不动作。在 1.5 倍定值时，测量差动速断保护的动作时间，动作时间应不大于 20 ms。

（4）差流越线

差流越线的判据为 $I_d > K_{YX} \cdot I_{CD}$。其中 I_d 为各相差动电流，K_{YX} 为装置内部固定的系数（取 0.625），I_{CD} 为差动启动电流。若满足条件，则延时 5 s 发出告警信号。若电流菜单首端任一相加电流至 $0.625I_{CD}$，则延时 5 s 发差流越线告警信号。

（5）电抗器保护中提供的 CT 断线判据

CT 断线的判据：电流有突变且突变后的电流变小；本侧三相电流中有一相或两相无流，对侧三相电流健全且无变化；差流大于差流越限告警门槛值[32]。

用电流菜单即可，利用具有 6 路可调电流的继电保护测试仪通入电抗器首末端的二次额定工作电流，通过某相电流由二次额定工作电流突降为 0 A 来模拟 CT 断线。

7.4.2　主电抗器匝间保护

(1)零序方向元件动作特性

零序功率方向元件的动作方程为

$$0° < \arg \frac{(3\dot{U}_0 + K \cdot Z \cdot 3\dot{I}_{02})}{3\dot{I}_{02}} < 180° \qquad (7-14)$$

式中，$3\dot{U}_0$、$3\dot{I}_{02}$ 分别为电抗器安装处 PT 的自产零压和主电抗器末端 CT 的自产零流；Z 为电抗器的零序阻抗(若有中性点电抗器，则包括中性点电抗器的零序阻抗)；K 为自适应补偿系数，取 $0\sim0.8$。

校验：主电抗器首端 A、B、C 相分别通入电流 $1.4I_{rH2n}\angle0°$、$I_{rH2n}\angle-120°$、$I_{rH2n}\angle120°$(自产零流相位为 $0°$)，主电抗器末端 A、B、C 相分别通入电流 $1.4I_{rH2n}\angle0°$、$I_{rH2n}\angle-120°$、$I_{rH2n}\angle120°$(自产零流相位为 $0°$)，同时在电压回路 A 相通入 5 V 电压，固定末端电流相位不变，改变电压、电流角度差，测定保护的动作区。

(2)零序电流校验

主电抗器首端 A、B、C 相分别通入电流 $I_{rH2n}\angle-90°$、$1.3I_{rH2n}\angle150°$、$I_{rH2n}\angle30°$，主电抗器末端 A、B、C 相分别通入电流 $I_{rH2n}\angle90°$、$I_{rH2n}\angle-30°$、$I_{rH2n}\angle-150°$，电压回路 A、B、C 相分别通入电压 60 V$\angle0°$、60 V$\angle-120°$、60 V$\angle120°$，逐渐增大末端 A 相电流的幅值直至保护动作，测试保护的零序电流定值。

(3)阻抗定值校验

手动菜单：电抗器首端电流 A 相为 $1.6I_{rH2n}\angle-90°$，电抗器末端电流 A 相为 $1.6I_{rL2n}\angle90°$；电压 A、B、C 相分别为 65 V$\angle0°$、57.74 V$\angle-120°$、57.74 V$\angle120°$。

逐渐增大末端 A 相电流的幅值直至保护动作，测试保护的 A 相阻抗定值。B、C 相阻抗校验与上面的电流、电压对应。

7.4.3　主电抗器过流、过负荷保护

从主电抗器首端施加试验电流，要求保护在 1.05 倍定值时应可靠动作，在

0.95 倍定值时应可靠不动作。在 1.2 倍定值时测量保护动作时间。主电抗器过电流保护和过负荷保护分别校验电流定值和时间定值,保护的动作行为可以通过不同的出口加以区分。用继电保护测试仪电流菜单分相做即可。

7.4.4 主电抗器零序过流保护

主电抗器零序过流保护反映零序电流的大小,零序电流取主电抗器首端的自产零序电流进行判别,保护设有一段时限。

从主电抗器首端施加试验零序电流,要求保护在 1.05 倍定值时应可靠动作,在 0.95 倍定值时应可靠不动作。在 1.2 倍定值时测量保护动作时间。用继电保护测试仪电流菜单分相做即可。

7.4.5 中性点电抗器后备保护

为了限制线路单相重合闸时的潜供电流,并提高单相重合闸时的成功率,一般高压电抗器的中性点都接有一台小电抗器。当线路单相接地或断路器一相未合上,三相严重不对称时,中性点电抗器会流过数值很大的电流,造成绕组过热。用电流菜单,从主电抗器首、末端同时施加试验电流,要求保护在 1.05 倍定值时应可靠动作,在 0.95 倍定值时应可靠不动作。在 1.2 倍定值时测量保护动作时间。

7.5 B 公司 SGR-751 数字式电抗器保护

SGR-751 数字式电抗器保护包含了差动保护、匝间保护、后备保护和非电量保护,是成套的数字式电抗器保护,适用于 1000 kV 及以下电压等级的数字式电抗器保护。

7.5.1 分相差动保护

分相差动保护的动作判据为

$$\begin{cases} I_d > I_{OP} \\ I_d > K \cdot I_r \\ I_d = I_H + I_L \\ I_r = \max(I_H, I_L) \end{cases} \tag{7-15}$$

式中,$K=0.6$,I_H、I_L分别为电抗器首、尾两端电流,I_d为差动电流。I_r为制动电流,电抗器两端电流 CT 变比相同时,差动启动电流为 $0.3I_e$;两端电流 CT 变比不同时,差动启动电流为 $0.4I_e$。分相差动保护动作特性曲线如图 7-9 所示,取最大电流为制动电流,I_e 是主电抗二次额定电流。

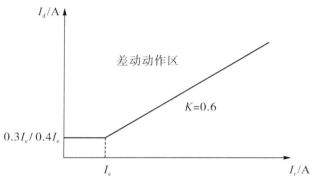

图 7-9 分相差动保护动作特性曲线

(1) 平衡校验

I_1、I_2 分别为电抗器首端、末端的额定电流,首尾电流相差 $180°$,差流应为 0。校验结果如表 7-10 所列。

表 7-10 平衡校验电流值 3   单位:A

相别	首端	末端	装置显示差流	制动电流
A 相	$K_{pH} \cdot I_{1A} \angle 0°$	$I_{2A} \angle 180°$	—	I_{2A}
B 相	$K_{pH} \cdot I_{1B} \angle 0°$	$I_{2B} \angle 180°$	—	I_{2B}
C 相	$K_{pH} \cdot I_{1C} \angle 0°$	$I_{2C} \angle 180°$	—	I_{2C}

(2) 特性校验

设 c 点 $I_r = 2I_e$,d 点 $I_r = 2.5I_e$,则校验值与计算值基本相符;$K_{pH} = n_{A1}/n_{A2}$,K_{pH} 为平衡系数,n_{A1}、n_{A2} 为首尾 CT 的变比,以尾端为基准,将首端电流与平衡系数相乘,即得补偿后的各相电流,变比相同 $K_{pH} = 1$;I_{OP} 为差动启动值($0.3I_e$ 或 $0.4I_e$)(表 7-11)。

表 7-11　特性校验电流值 2　　　　　　　　　　　单位:A

电流名称	a 点(起点)	b 点(拐点)	c 点(边界点,斜率 0.6)	d 点(边界点,斜率 0.6)
I_1	$K_{pH} \cdot I_{OP}$	$K_{pH} \cdot (I_{OP} + I_e)$	$K_{pH} \cdot (2.6I_e + I_{OP})$	$K_{pH} \cdot (3.4I_e + I_{OP})$
I_2	0	I_e	$2I_e$	$2.5I_e$
I_d	I_{OP}	I_{OP}	$0.6I_e + I_{OP}$	$0.9I_e + I_{OP}$
I_r	0	I_e	$2I_e$	$2.5I_e$

(3)差动速断保护检验

差动速断保护在 1.05 倍定值时,应可靠动作;在 0.95 倍定值时,应可靠不动作。在 1.5 倍定值时,测量差动速断保护的动作时间,动作时间应不大于 20 ms。用电流菜单,分相加电流即可,整定值为 $3I_e$。

(4)CT 断线

CT 断线的判据如下:

① 一侧 $3I_0 > 0.2I_e$,另一侧 $3I_0 < 0.2I_e$,I_e 为主电抗器额定电流;

② $\min(I_A、I_B、I_C) \leqslant 0.2I_e$,$I_A$、$I_B$、$I_C$ 分别为存在零序电流侧的三相电流;

③ 无流相电流为减小趋势;

④ $I_d > 0.1I_e$;

⑤ 三相电压为正常电压。

校验:继电保护测试仪状态序列菜单。

状态 1:首端加电流 A、B、C 三相分别为:1 A∠0°、1 A∠−120°、1 A∠120°;

尾端加电流 A、B、C 三相分别为:1 A∠180°、1 A∠60°、1 A∠300°;

电压 A、B、C 三相分别为:57.74 V∠0°、57.74 V∠−120°、57.74 V∠120°;

持续时间 5 s。

状态 2:首端加电流 A、B、C 三相分别为:1 A∠0°、1 A∠−120°、1 A∠120°;

尾端加电流 A、B、C 三相分别为:0 A∠180°、1 A∠60°、1 A∠300°;

电压 A、B、C 三相分别为:57.74 V∠0°、57.74 V∠−120°、57.74 V∠120°;

保持时间 10 s,发 CT 断线。

7.5.2　匝间保护

匝间保护电抗器高压零序电流、零序电压组成的零序阻抗继电器。它弥补了以前阻抗补偿原理存在过补偿和欠补偿,补偿度难整定的不足。不仅定性地分析了故障类型,而且从定量的角度分析故障特征。匝间短路:零序电压与零序电流的关系:$U_0 = -I_0 j X_{s0}$。内部单相接地故障:$U_0 = -I_0 j X_{s0}$,零序电流超前零序电压;外部故障:$U_0 = I_0 j X_{L0}$,零序电流滞后零序电压。

动作方程:

$$\begin{cases} Z_0 \leqslant Z_{0L} \\ I_0 \geqslant I_{0DZ} \end{cases} \tag{7-16}$$

式中,Z_0为电抗器高压端测量阻抗,Z_{0L}为阻抗动作区边界,Ω;I_0为零序电流,I_{0DZ}为零序启动电流整定值,A。

图7-10中,Z_0为阻抗特性圆圆心,Z_{0L}为零序阻抗动作边界,Z_r为零序阻抗圆半径。

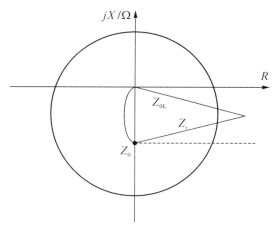

图7-10　匝间保护动作特性图

(1) 动作区间测定

主电抗器首端 A、B、C 相分别通入电流 1.4 A∠0°、1 A∠−120°、1 A∠120°(自产零序电流相位为 0°),主电抗器末端 A、B、C 相分别通入电流 1.4 A∠0°、1 A∠−120°、1 A∠120°(自产零序电流相位为 0°),同时在电压回路 A 相通入 5 V 电压,固定末端电流相位不变,改变电压、电流的角度差,测定保护的动作区。

(2) 零序电流校验

主电抗器首端 A、B、C 相分别通入电流 1 A∠−90°、1.3 A∠150°、1 A

$\angle 30°$,主电抗器末端 A、B、C 相分别通入电流 1 A$\angle 90°$、1 A$\angle -30°$、1 A $\angle -150°$,电压回路 A、B、C 相分别通入电压 57.74 V$\angle 0°$、57.74 V$\angle -120°$、57.74 V$\angle 120°$,逐渐增大末端 A 相电流的幅值直至保护动作,测试保护末端的零序电流定值。

(3) 阻抗定值校验

手动菜单:电抗器首端电流 A 相为 1.2 A$\angle -90°$,电抗器末端电流 A 相为 1.2 A$\angle 90°$;电压 A、B、C 相分别为 65 V$\angle 0°$、57.74 V$\angle -120°$、57.74 V$\angle 120°$。

逐渐增大末端 A 相电流的幅值直至保护动作,测试保护的 A 相阻抗定值。B、C 相的阻抗校验与上面的电流、电压对应。

7.5.3　主电抗器后备保护

(1) 主电抗器过流保护

主电抗器过流保护是电抗器相间短路的后备保护。动作方程:$I_{H\varphi} > I_{set}$,其中:$I_{H\varphi}$ 为首端相电流;I_{set} 为过流保护电流定值,固定为 $1.4I_e$(I_e 为主电抗器额定电流);保护动作延时固定为 2 s。用电流菜单分相加首端电流即可。

(2) 主电抗器零序过流保护

主电抗器零序过流保护是电抗器接地短路故障的后备保护。动作方程:$I_{H0} > I_{H0set}$,其中:I_{H0} 为首端自产零序电流;I_{H0set} 为主电抗零序过流保护电流定值,固定为 $1.35I_e$(I_e 为主电抗器额定电流);保护动作延时固定为 2 s。用电流菜单分相加首端电流零序满足要求即可。

(3) 中性点电抗器过流保护

中性点电抗器过流保护针对的是线路发生接地故障或者非全相运行时流过中性点电抗器的大电流。其保护原理如下:$I_{L0} > I_{L0set}$,其中:I_{L0} 为末端自产零序电流;I_{L0set} 为中性点过流保护电流定值,固定为 $5I_{e2}$(I_{e2} 为中性点电抗额定电流);保护动作延时固定为 5 s。用电流菜单分相加尾端电流零序满足要求即可。

（4）主电抗器过负荷告警

主电抗器过负荷针对的是电抗器所接系统的电压升高造成的电抗器过负荷。主电抗器过负荷电流定值固定为 $1.2I_e$（I_e 为电抗器额定电流）；主电抗器过负荷固定延时 5 s。用电流菜单分相加首端电流即可。

（5）中性点电抗器过负荷告警

中性点电抗器过负荷针对的是系统三相不对称而引起的中性点电抗器过负荷。中性点电抗器过负荷的电流定值固定为 $1.2I_{e2}$（I_{e2} 为中性点电抗器额定电流），中性点过负荷固定延时 10 s。用电流菜单分相加中性点电抗器电流即可。

7.5.4 PT 断线

PT 断线的判据为 $3U_0 = U_A + U_B + U_C$ 大于 20 V，且首端 $3I_{H0} = I_{HA} + I_{HB} + I_{HC} < 0.05I_n$（$I_n$ 为 CT 二次值），判为单相或两相 PT 断线；当 $\max(U_A、U_B、U_C)$ 小于 8 V 时，判为三相 PT 断线。PT 断线固定延时 8 s。

8 **母线保护**

母线保护是为保证电力系统安全运行而装设的保护装置,其用以保护发电机、变压器、并联电抗器、断路器等与母线相连接设备的绝缘和载流部分的安全,一般包括母线差动保护、充电保护、死区保护、失灵保护等功能,适用于各种电压等级的双母线主接线、单母线主接线、单母线分段主接线及 3/2 主接线等。下面我们通过几个具体的母线保护装置的调试来介绍母线保护[13]。

8.1 G 公司 GZM-41A 母线保护(双母线接线)

8.1.1 动作方程

母线保护的差动电流就是母线上所有馈路电流的矢量和:

$$I_{\text{OP}} = \left| \sum_{j=1}^{N} i_j \right| \tag{8-1}$$

制动电流为母线上所有馈路电流绝对值的和:

$$I_{\text{res}} = \sum_{j=1}^{N} \left| i_j \right| \tag{8-2}$$

动作方程为 $I_{\text{OP}} - K_{\text{res}} \cdot I_{\text{res}} \geq 0$。式(8-1)和(8-2)中,$I_{\text{OP}}$ 为差动电流,I_{res} 为制动电流,A;K_{res} 为制动系数。

比率差动保护动作特性曲线如图 8-1 所示。

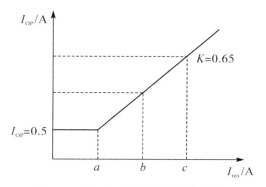

图 8-1 比率差动保护动作特性曲线 1

图 8-1 中,拐点坐标为 $(I_{OP}/K_{res}, I_{OP})$。

8.1.2 启动门槛校验

将各所有馈路的 TA 变比系数都设为 1。将待加电流的馈路母线刀闸切到一条母线上,也可以用装置上的小双掷开关进行切换。加单相电流,若超过定值 I_{OP},则保护动作。在满足电压闭锁的情况下,所在母线各馈路跳闸出口。

8.1.3 动作曲线校验

设 $I_{OP} = 0.5$ A,$K_{res} = 0.65$,则 $I_d = K_{res} \cdot (I_{res} - I_{OP}) + I_{OP} = 0.65 \cdot I_{res} + 0.175$。给在同一段母线上的两条馈路的同一相加相差 $180°$ 的两路电流,实际试验结果应与表 8-1 中算得的数据相近。

表 8-1 动作曲线校验电流值 1

项目	不同点位电流/A		
	a 点	b 点	c 点
$I_1 = 0.5 \cdot (I_r + I_d)$	0.635	0.913	1.325
$I_2 = 0.5 \cdot (I_r - I_d)$	0.135	0.088	0.175
I_d	0.500	0.825	1.150
I_{res}	0.770	1.000	1.500

8.1.4 母联开关 CT 极性的确定

对于双母线接线的母线保护来说,母联开关 CT 极性的确定是十分重要的一步,极性接错将直接使保护误动。普通馈路的 CT 极性都是以母线侧为极性端的,有一进一出两条馈路接在同一条母线上,正常运行时将有穿越电流流过母线。两条馈路的 CT 采样是大小相等、方向相反的两组电流。这时该母线小差为 0[2,11,16,35]。

根据这个原理,我们将母联开关和一条馈路切到同一条母线上,给它们加一对大小相等、方向相反的穿越电流,通过观察装置反映的该母线的小差电流,就可以判断母联开关的 CT 极性是否在这一段母线侧。若小差为 0,则该母联开关的 CT 极性在这一段母线侧;若小差为所加电流的 2 倍,则该母联开关的 CT 极性不在这一段母线侧,而应该在它所连接的另一段母线侧。另外,由于母联、分段开关及其刀闸状态的特殊性,保护对于它们的判别不但在刀闸状态接点中串入了开关辅助接点,还另外引入了一副 TWJ 接点。

试验时,请一定要模拟真实情况下可能的状态来进行,也就是刀闸位置的开入要和 TWJ 状态相符。若刀闸位置的开入与 TWJ 状态不相符,则保护会优先以 TWJ 为判据执行保护各功能逻辑。此时单从刀闸位置指示上看,或许是不正确的动作。

8.1.5　充电保护

把充电保护切换把手打到投入位置,把母联开关两侧的刀闸置于合位,引回该母联断路器的 TWJ 开入接点。先短接 TWJ 接点 10 s 以上,然后在打开的瞬间立即给母联通道加故障电流超过充电保护定值。保护经延时动作。

8.1.6　失灵保护

(1)线路单元失灵

短接相应单元的失灵开入接点,在 PT 电压闭锁开放的情况下,保护动作,先跳所在母线相连的母联开关,然后跳该母线上的所有单元。

(2)主变单元失灵

主变单元有解除 PT 电压闭锁的开入接点。先使 PT 电压正常,电压元件不动作;然后同时短接失灵开入和解除 PT 电压闭锁开入两对接点,保护动作,先跳所在母线相连的母联开关,然后跳该母线上的所有单元。

（3）母联单元失灵

所谓母联失灵，就是某段母线故障后，保护动作，给母联开关发出跳闸令后，母联开关由于某种原因未能跳开，若该单元的电流超过母联失灵定值，则失灵保护动作，跳相联母线以切除故障。母联开关示意图如图 8-2 所示。

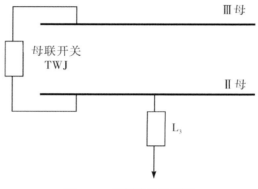

图 8-2　母联开关示意图

图 8-2 中，母联开关 TWJ 开入 = 0，两侧刀闸开入为 1，母联开关在投入状态。

设母联失灵定值为 0.2 A，I_{OP} 仍为 0.5 A，给 L3 馈路和 ML 通道加一组如下电流，模拟 II 母故障：

$$\begin{cases} \dot{I}_3 = 0.6 \text{ A} \angle 180° \\ \dot{I}_{ML} = 0.4 \text{ A} \angle 0° \end{cases} \tag{8-3}$$

相当于 II 母小差为 1.0 A，III 母小差为 0.4 A。加量后，II 母母差动作，跳 II 母各单元及母联开关，经母联失灵延时后，母联失灵动作，跳 III 母各单元。

注意：模拟时仍要求电压闭锁开放。

8.1.7　死区保护

死区保护是指故障点在开关与 CT 之间，当母联、分段开关跳开之后，该单元仍有故障电流，此时死区保护动作，跳开相邻母线。由于本装置没有专门的死区保护动作报文和指示灯，因此要将母联失灵的定值整定高，使之不可能动作。

如图 8-2 所示，母联开关 TWJ 开入 = 0，两侧刀闸开入用试验线引回短接，给 L3 馈路和 ML 通道加一对穿越 Ⅱ 母的电流，$\dot{I}_3 = 0.52$ A$\angle 0°$，$\dot{I}_{ML} = 0.52$ A$\angle 0°$。加量后，Ⅲ母母差动作；立即断开母联开关的刀闸开入接点，Ⅱ母母差经延时动作。

8.1.8 PT 电压闭锁

对于双母线接线的母线保护，母线 PT 电压闭锁是防止保护误动的重要措施。当电压闭锁的条件不满足时，保护将不能出口跳闸。各段母线的 PT 均设有一个 PT 投切把手，当其在投入位置时，该闭锁有效。模拟时，投入对应段母线的 PT 投切把手，然后根据定值模拟零序、负序、低电压等电压状态，电压元件应动作，有相应指示灯亮。

8.1.9 其他

（1）关于大差

大差就是除母联、分段单元之外所有单元电流的矢量和。它不判断隔离刀闸位置。大差的启动值在内部整定为 0.7 倍的差动定值。大差、小差必须同时动作，差动保护才能动作。大差的制动系数就是差动制动系数。在分裂运行，即所有母联、分段开关的 TWJ 均为 1 时，大差的制动系数会自动降到 0.3。

模拟方法如下：

先令三个 TWJ 均为 1；在同一段母线上 L2、L3 加一对平衡的穿越电流 0.6 A，但只投入 L2 的隔离刀，此时大差为 0，小差为 L2 的电流 0.6 A，大于差动定值 0.5 A。大差平衡、小差不平衡，保护不动作。然后升高 L3 的电流幅值，当到达以下数值时保护动作：$\dot{I}_3 = 1.2$ A$\angle 0°$，$\dot{I}_2 = 0.6$ A$\angle 180°$。经过计算可知，此时制动系数为 0.3 左右。令母联、分段开关的任意一个为投入状态，重复以上步骤，动作值如下：$\dot{I}_3 = 2.9$ A$\angle 0°$，$\dot{I}_2 = 0.6$ A$\angle 180°$。经过计算可知，此时制动系数为 0.65 左右。

（2）TA 变比系数

TA 变比系数整定的原则是：TA 变比最大的单元整定为 1，其他的值为该单元 TA 变比与最大 TA 变比的比值。

(3) TV 断线

自产 $3U_0$ 与外接 $3U_0$ 的差值大于"TV 断线定值"时,装置报 TV 断线。模拟时,只加三相正常电压,降低其中一相,降低幅值超过 12 V(定值)时报 TV 断线。

(4) TA 断线

单相差流超过 TA 断线定值,经延时不返回,发"TA 断线"信号,同时闭锁该相差动保护。

8.2　F 公司 BP-2CC-G 母线保护(一个半接线)

BP-2CC-G 型微机母线保护装置专用于特高压及超高压电压等级的一个半接线方式。

8.2.1　动作方程

母线保护的差动电流就是母线上所有馈路电流的矢量和:

$$I_d = \left| \sum_{j=1}^{N} i_j \right| \tag{8-4}$$

制动电流为母线上所有馈路电流绝对值的和:

$$I_r = \sum_{j=1}^{N} |i_j| \tag{8-5}$$

动作方程为 $I_d > K \cdot (I_r - I_d)$,式(8-4)和(8-5)中:I_d 为差动电流,I_r 为制动电流,A;K 为制动系数。

比率差动保护动作特性曲线如图 8-3 所示:

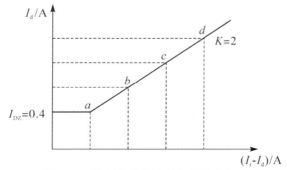

图 8-3　比率差动保护动作特性曲线 2

8.2.2 动作曲线校验

以两路电流为例,可以由上述公式推导出拐点以上的动作方程等效于: $I_1 >$ $(2K+1) \cdot I_2$,其中, I_1 、 I_2 为馈路电流,A; K 为制动系数。实际试验结果应与表 8-2 中算得的数据相近。

表 8-2 动作曲线校验电流值 2

项目	不同点位电流/A			
	a 点	b 点	c 点	d 点
$I_1 = 0.5 \cdot (I_r + I_d)$	0.625	1.225	1.875	2.500
$I_2 = 0.5 \cdot (I_r - I_d)$	0.125	0.250	0.375	0.500
I_r	0.750	1.500	2.250	3.000
$I_r - I_d = 0.5 \cdot I_d$	0.250	0.500	0.750	1.000
I_d	0.500	1.000	1.500	2.000

8.2.3 TA 断线闭锁

先在任一单元加单相 0.26 A(大于 TA 断线定值)电流 5 s 以上,装置报 TA 断线;然后再将其突升到 0.6 A(大于差动定值),保护不动作。电流消失后,TA 断线自动恢复。

8.2.4 失灵保护

投入失灵硬压板,功能把手投入失灵保护,在端子排上短接失灵开入,失灵保护动作,经失灵短延时跳与开入对应的馈路单元,长延时跳该母线上其他单元。

8.2.5 刀闸开入

对于大多数一个半接线方式的母线保护来说,是没有刀闸的开入的,但对于某些电厂来说,其设有起备变单元,引入了起备变的刀闸位置。刀闸位置对保护的影响有以下几点需要说明:

①失灵开入与刀闸位置无关,只要满足条件就动作。

②母差出口与刀闸位置无关,只要动作就跳所有单元。

③差流的计算要判断刀闸位置,当刀闸位置异常时,装置会记忆并继续采用上一次开入正常时的状态进行逻辑判断。

8.3　F 公司 BP-2B 母线保护(双母线接线)

无论是在一个半接线还是在双母线接线中,BP-2B 与 BP-2CC-G 的动作方程是一样的,可以参看 8.2 节内容。只是在双母线接线中,由于母联开关的增加引入了大差小差、比率制动系数低值高值的概念,因此增加了同 41A 母差一样的母联失灵、母联充电、死区保护等功能。

下面分别进行叙述。前提条件是将各馈路及母联 CT 变比均设为一样,设差动门槛为 0.8 A,比率制动系数高值为 2、低值为 0.5,母联失灵电流为 1.1 A。

8.3.1　比率制动系数校验

(1) 比率制动系数高值

当双母线并列运行时,采用比率制动系数高值,试验条件如下:

母联隔离刀闸均合位;母联开关开节点闭合,闭节点断开;"投分裂运行"压板退出。在同一段母线上,L_2、L_3 加一对平衡的 0.9 A 穿越电流,但只投入 L_2 的隔离刀。此时,大差为 0、小差为 L_2 的电流 0.9 A,大于差动定值 0.8 A。大差平衡,小差不平衡,保护不动作。然后升高 L_3 的电流幅值,当达到以下数值时保护动作:$\dot{I}_3 = 4.6\ \text{A} \angle 0°$,$\dot{I}_2 = 0.9\ \text{A} \angle 180°$。经过计算可知:$\dot{I}_d = 3.7\ \text{A}$,$\dot{I}_r - \dot{I}_d = 1.8\ \text{A}$,此时比率制动系数高值约等于 2。

(2) 比率制动系数低值

当两段母线分裂运行时,采用比率制动系数低值,试验条件如下:

母联隔离刀闸均分位;母联开关开节点断开,闭节点闭合;"投分裂运行"压板投入。同上一步的步骤,得到动作数据如下:$\dot{I}_3 = 1.9\ \text{A} \angle 0°$,$\dot{I}_2 = 0.9\ \text{A} \angle 180°$。经过计算可知:$\dot{I}_d = 1.0\ \text{A}$,$\dot{I}_r - \dot{I}_d = 1.8\ \text{A}$,此时比率制动系数高值约等于 0.5。

8.3.2　母联失灵

母联失灵及死区保护接线示意图如图 8-4 所示。母联隔离刀闸均合位;母

联开关开节点闭合,闭节点断开;"投分裂运行"压板退出。差动门槛为 0.8 A,
母联失灵电流为 1.1 A。

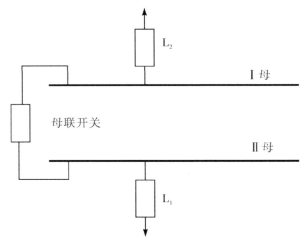

图 8-4　母联失灵及死区保护接线示意图

方法 1:在 L_1 及 ML 单元加一对单相穿越电流如下:$\dot{I}_{ML} = 1.2$ A $\angle 0°$,$\dot{I}_{L1} = 1.2$ A $\angle 180°$,加量后,Ⅰ 母差动先动作,经母联失灵延时后 Ⅱ 母差动动作。

方法 2:由于在示例的装置中开关失灵电流是在母差保护本身判断电流的,因此有了这一种方法。在 L_1、L_2 及 ML 单元加一组单相穿越电流如下:$\dot{I}_{ML} = 1.2$ A $\angle 0°$,$\dot{I}_{L1} = 1.2$ A $\angle 180°$,$\dot{I}_{L2} = 1.2$ A $\angle 0°$,加量后,各差流均为零。投母联开关失灵启动压板,点母联失灵开入,母联失灵动作。同样的情况下,如果点 L_1 或 L_2 的失灵开入(相应压板投入,并且失灵电流满足),失灵同样动作。

8.3.3　死区保护

死区保护是指故障点在开关与 CT 之间,若母联、分段开关跳开以后该单元仍有故障电流,则此时死区保护动作,跳开相邻母线[43]。接线如图 8-4 所示。母联隔离刀闸均合位;"投分裂运行"压板退出;引回母联开关开节点到仪器开出 1,闭节点到开出 2;用状态序列菜单进行试验,选择时间控制方式。

状态 1:不加任何模拟量;开出 1 闭合,开出 2 断开,延时均为零;状态延时 10 s。

状态 2:给 L_1 馈路和 ML 通道加一对穿越 Ⅱ 母的电流:$\dot{I}_{L1} = 0.9$ A $\angle 0°$,$\dot{I}_{ML} = 0.9$ A $\angle 180°$,开出 1 闭合,开出 2 断开,延时均为零;状态延时 0.5 s。

状态 3:模拟量同状态 2;开出 1 断开,开出 2 闭合,延时均为零;状态延时 3 s。

开始后动作现象为Ⅰ母差动先动作,经延时后Ⅱ母差动动作。

8.4 C 公司 PCS-915C-G 母线保护装置(一个半接线)

本装置适用于 220 kV 及以上电压等级的常规变电站的 3/2 主接线系统。

8.4.1 母线差动保护

(1)常规比率差动

动作判据:

$$\begin{cases} \left| \displaystyle\sum_{j=1}^{m} I_j \right| > I_{\text{CDZD}} \\ \left| \displaystyle\sum_{j=1}^{m} I_j \right| > K \displaystyle\sum_{j=1}^{m} |I_j| \end{cases} \tag{8-6}$$

式中,K 为比率制动系数;I_j 为第 j 个连接元件的电流,I_{CDZD} 为差动电流启动定值,A。其动作特性曲线如图 8-5 所示,K 取固定值 0.5。

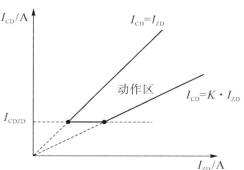

图 8-5 常规比率差动保护动作特性曲线

① 差动平衡校验。

两两支路做平衡校验,用于检查母差 CT 的极性接法,校验数据如表 8-3 所列。

表 8-3　差动平衡校验数据 1

相别	支路 1(基准侧) 通入电流/A	支路 2 通入电流/A	装置显示差流/A
A 相	1.00∠0°	1.00∠180°	0.00
B 相	1.00∠0°	1.00∠180°	0.00
C 相	1.00∠0°	1.00∠180°	0.00

②动作特性校验。

以两路电流为例,可以由上述公式推导出拐点以上的动作方程等效于:

$$\begin{cases} I_{CD} > I_{CDZD} \\ I_{CD} > K \cdot I_{ZD} \\ I_{CD} = I_{ZD}(上边界) \end{cases} \tag{8-7}$$

式中,I_{CD} 为差动电流,I_{CDZD} 为差动电流启动定值,I_{ZD} 为制动电流,A;K 为比率制动系数。c、d 点设定 $I_{CD}=2$,实际试验结果应与表 8-4 中算得的数据相近。

表 8-4　动作特性校验数据

电流名称	不同点位的电流/A			
	a 点(拐点 1)	b 点(拐点 2)	c 点(上边界点)	d 点(下边界点)
I_1	I_{CDZD}	$1.5I_{CDZD}$	2	3
I_2	0	$0.5I_{CDZD}$	0	1
I_{CD}	I_{CDZD}	I_{CDZD}	2	2
I_{ZD}	I_{CDZD}	$2I_{CDZD}$	2	4

(2) TA 断线

①差动电流大于 CT 断线闭锁定值,延时 5 s 发 CT 断线报警信号。

② 当发生 CT 断线时,只有随后电流回路恢复正常,CT 断线报警信号自动复归,母差保护才能恢复运行。

③差动电流大于 CT 断线告警定值时,延时 5 s 报 CT 异常报警。

(3) CT 饱和检测

为防止母线保护在母线近端发生区外故障时 CT 严重饱和的情况下发生误动,本装置根据 CT 饱和波形特点设置了两个 CT 饱和检测元件,用以判别差动电流是否由区外故障 CT 饱和引起,若是则闭锁差动保护出口,否则开放保护出口[21-23]。

8.4.2 失灵保护

投入失灵保护经母差跳闸软、硬压板;失灵需要同时开入两对启动节点与一个半开关的断路器失灵保护配合,完成失灵保护的联跳功能。当母线所连接的某个断路器失灵时,该断路器的失灵保护动作接点提供给本装置。本保护检测到此接点动作时,经 50 ms 固定延时联跳母线的各个连接元件。为防止误动,在失灵联跳逻辑中加入了失灵扰动就地判据。

失灵扰动就地判据:由于 3/2 接线失灵联跳无电压闭锁等闭锁逻辑,因此为防止失灵接点误碰,或直流电源异常时失灵就地电流判据躲不过负荷电流的情况下失灵联跳误动,专门设计了失灵扰动就地判据。稳态判据:$I_\varphi > 1.1I_n$;暂态判据:$\Sigma|\Delta i| > 0.2I_n$,展宽 5 s。保护校验时,两对启动节点与单相加大于 $1.1I_n$ 电流同时进行,失灵保护动作如表 8-5 所列。

表 8-5 失灵保护判据

序号	判据方式	判据内容	检查结果
1	稳态判据	$I_\varphi > 1.1I_n$	1.05 倍动作,0.95 倍不动作
2		$3I_0 - 3I_{op} > 0.03I_n$,展宽 5 s ($3I_{op}$ 为 30 s 前 $3I_0$ 的值)	1.05 倍动作,0.95 倍不动作
3			
4		失灵启动前:$3I_0 < 0.08I_n$;失灵启动后: $3I_0 > 0.10I_n$	1.05 倍动作,0.95 倍不动作
		失灵启动前:$3I_2 < 0.08I_n$;失灵启动后: $3I_2 > 0.10I_n$	1.05 倍动作,0.95 倍不动作
5	暂态判据	$\Sigma\Delta I > 0.2I_n$	1.05 倍动作,0.95 倍不动作

注:以上判据均需要失灵双开入。

8.4.3 刀闸开入

对于大多数一个半接线方式的母线保护来说,是没有刀闸的开入的,但对于某些电厂来说,其设有起备变单元,引入了起备变的刀闸位置。刀闸位置对保护的影响有以下几点需要说明:

①失灵的动作及母差的出口与刀闸的投退同步,含义类似双母线接线方式,若刀闸投,则保护动作与起备变单元有关;若刀闸不投,则保护动作与起备单元无关。

②差流的计算要判断刀闸位置,并且只判断刀闸辅助接点的开接点的输入状态。刀闸辅助接点的闭接点的输入状态只作为刀闸位置异常的判据。刀闸位置异常后保护状态不受影响,仍然只由开接点的输入状态作为差流判断依据。

8.5 C 公司 PCS-915SA-G 母线保护装置(双母线接线)

本装置适用于 220 kV 及以上电压等级的常规变电站的双母线单分主接线、单母线三分段主接线,母线上允许所接的线路与元件数最多为 24 个(包括母联/分段),并可满足有母联兼旁路运行方式主接线系统的要求。PCS-915TD-G 的校验方法与 PCS-915SA-G 的基本相同。

8.5.1 母线差动保护

(1)比率差动

动作判据:

$$
\begin{cases}
\left| \sum\limits_{j=1}^{m} I_j \right| > I_{\mathrm{CDZD}} \\
\left| \sum\limits_{j=1}^{m} I_j \right| > K \sum\limits_{j=1}^{m} \left| I_j \right|
\end{cases}
\tag{8-8}
$$

式中,K 为比率制动系数;I_j 为第 j 个连接元件的电流,I_{CDZD} 为差动电流启动定值,A。其动作特性曲线如图 8-6 所示,比率差动元件的比率制动系数固定取 0.3。

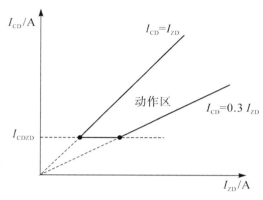

图 8-6 比率差动保护动作特性曲线

　　为防止在母联开关断开的情况下,弱电源侧母线发生故障时大差比率差动元件的灵敏度不够,将比率差动元件的比率制动系数设为高、低两个定值:大差高值固定取 0.5,小差高值固定取 0.6;大差低值固定取 0.3,小差低值固定取 0.5。当大差高值和小差低值同时动作或大差低值和小差高值同时动作时,比率差动元件动作。可以由上述公式推导出拐点以上的动作方程等效于:

$$\begin{cases} I_{\mathrm{CD}} > I_{\mathrm{CDZD}} \\ I_{\mathrm{CD}} > K \cdot I_{\mathrm{ZD}} \\ I_{\mathrm{CD}} = I_{\mathrm{ZD}}(\text{上边界}) \end{cases} \tag{8-9}$$

式中,I_{CD} 为差流,I_{ZD} 为制动电流,A。

(2) 差动平衡校验

　　差动平衡校验结果如表 8-6 所列。

表 8-6 差动平衡校验数据 2

相别	母联通入 电流/A	L₁(Ⅰ母) 电流/A	L₁ 差动 电流 I_d/A	L₂(Ⅱ母) 电流/A	L₂ 差动 电流 I_d/A
A 相	1.00∠0°	1.00∠180°	0.00	1.00∠180°	1.00
B 相	1.00∠0°	1.00∠180°	0.00	1.00∠180°	1.00
C 相	1.00∠0°	1.00∠180°	0.00	1.00∠180°	1.00
A 相	1.00∠0°	1.00∠0°	0.00	1.00∠0°	1.00

续表

相别	母联通入 电流/A	L₁（Ⅰ母） 电流/A	L₁ 差动 电流 I_d/A	L₂（Ⅱ母） 电流/A	L₂ 差动 电流 I_d/A
B 相	1.00∠0°	1.00∠0°	0.00	1.00∠0°	1.00
C 相	1.00∠0°	1.00∠0°	0.00	1.00∠0°	1.00

（3）差流启动值校验

电流菜单，加大于差动启动值的电流即可。

（4）模拟区外故障测试

用继电保护测试仪加入电流量：L₁（Ⅰ母）、L₂（Ⅱ母）。第一支路与母联支路加入幅值相等、相位相反的电流，第二支路加入与母联支路幅值相等、相位相同的电流，模拟区外故障。大差、小差均不动作。区外故障测试结果如表8-7所列。

表 8-7　区外故障测试数据

相别	试验电流/A			差动电流 /A	动作情况
	母联	L₁	L₂		
A 相	1.00∠0°	1.00∠180°	1.00∠0°	0.00	不动作
B 相	1.00∠0°	1.00∠180°	1.00∠0°	0.00	不动作
C 相	1.00∠0°	1.00∠180°	1.00∠0°	0.00	不动作

（5）模拟区内故障

用继电保护测试仪加入电流量：L₁（Ⅰ母）、L₂（Ⅱ母）。第一支路与母联支路及第二支路加入幅值相等、相位相同的电流，模拟Ⅰ母故障，Ⅰ母差动动作跳Ⅰ母；第一支路与第二支路加入幅值相等、相位相同，但与母联支路相位相反的电流，模拟Ⅱ母故障，Ⅱ母差动动作跳Ⅱ母。投入母联互联压板，重复上述区内故障，保护动作跳Ⅰ母和Ⅱ母。区内故障测试结果如表8-8所列。

表 8-8　区内故障测试数据

相位	试验电流/A			差动电流/A	动作情况
	母联	L_1	L_2		
A 相	1.00∠0°	1.00∠0°	1.00∠0°	1.00	跳 I 母
B 相	1.00∠0°	1.00∠0°	1.00∠0°	1.00	跳 I 母
C 相	1.00∠0°	1.00∠0°	1.00∠0°	1.00	跳 I 母
相位	试验电流/A			差动电流/A	动作情况
	母联	L_1	L_2		
A 相	1.00∠180°	1.00∠0°	1.00∠0°	1.00	跳 II 母
B 相	1.00∠180°	1.00∠0°	1.00∠0°	1.00	跳 II 母
C 相	1.00∠180°	1.00∠0°	1.00∠0°	1.00	跳 II 母

(6)特性校验

① 大差比例系数校验($K=0.5,0.3$)。

设定 b 点 $I_{CD}=1$ A,c 点 $I_{CD}=2$ A,结果如表 8-9 所列。

表 8-9　大差比例系数校验数据

位点	L_1/A	母联/A	L_2/A	I_{CD}/A	I_{ZD}/A
起点	$(1/2+1/2K \cdot I_{CDZD})∠0°$	$(1/2+1/2K) \cdot I_{CDZD}∠180°$	$(1/2K-1/2) \cdot I_{CDZD}∠180°$	I_{CDZD}	$(1/K) \cdot I_{CDZD}$
b 点	$(1/2+1/2K)∠0°$	$(1/2+1/2K)∠180°$	$(1/2K-1/2)∠180°$	1	$1/K$
c 点	$(1+1/K)∠0°$	$(1+1/K)∠180°$	$(1/K-1)∠180°$	2	$2/K$

② 小差比例系数校验($K=0.6,0.5$)。

I_1、I_2 为同一母线上的两支路,CT 变比相同,设定 c 点、d 点的 $I_{CD}=2$ A,结果如表 8-10 所列。

表 8-10　小差比例系数校验数据

电流名称	不同点位电流/A			
	a 点（拐点1,上边界）	b 点（拐点2,下边界）	c 点（上边界点）	d 点（下边界点）
I_1	I_{CDZD}	$(1/2 + 1/2K) \cdot$ $I_{CDZD} \angle 0°$	2	$1+1/K$
I_2	0	$(1/2K - 1/2) \cdot$ $I_{CDZD} \angle 180°$	0	$1/K-1$
I_{CD}	I_{CDZD}	I_{CDZD}	2	2
I_{ZD}	I_{CDZD}	$1/K \cdot I_{CDZD}$	2	$2/K$

8.5.2　母联失灵保护

当母差保护动作向母联发跳令后,或者母联过流保护动作向母联发跳令后,经整定延时母联电流仍然大于母联失灵电流定值时,母联失灵保护经各母线电压闭锁分别跳相应的母线。母联失灵保护功能固定投入[35,47]。模拟母线区内故障,保护向母联发跳令后,向母联 CT 继续通入大于母联失灵电流定值的电流,并保证两母差电压闭锁条件均开放,经母联失灵保护整定延时母联失灵保护动作切除两母线上所有的连接元件。在 L_1 及 ML 单元加单相电流如下: $\dot{I}_{ML}$ = 1.2 A $\angle 0°$, $\dot{I}_{L1}$ = 1.2 A $\angle 0°$,加量后, Ⅰ 母差动先动作,经母联失灵延时后 Ⅱ 母差动动作。然后根据母联失灵定值另外加量做定值校验。

8.5.3　母联死区保护

(1) 母联开关处于合位时的死区故障

用母联跳闸接点模拟母联跳位开入接点,模拟母线区内故障,保护发母线跳令后,继续通入故障电流,经延时 150 ms 母联电流退出小差,母差保护动作将另一条母线切除。

(2) 母联开关处于跳位时的死区故障

短接母联 TWJ 开入（TWJ = 1）,并投入母联分列运行压板,模拟母线区内故障,保护应只跳死区侧母线,测试结果如表8-11所列。

表8-11　死区保护功能测试

序号	保护名称	运行状态	模拟方法	动作结果
1	母联合位死区保护	双母线并列运行	母联开关跳开而母联CT仍有电流	两条母线同时切除
2	母联跳位死区保护	双母线处运行状态,母联分裂压板投入且母联在跳位	模拟母差动作	仅切除死区侧母线

8.5.4　失灵保护

断路器失灵保护由各连接元件保护装置提供的保护跳闸接点启动。

(1)线路支路

短接任一分相跳闸接点,并在对应元件的对应相别CT中通入大于$0.04I_n$的电流,还应保证对应元件中通入的零序/负序电流大于相应的零序/负序电流整定值,失灵保护动作。

(2)主变支路

短接任一三相跳闸接点,并在对应元件的任一相CT中通入大于失灵相电流定值的电流,或在对应元件中通入的零序/负序电流大于相应的零序/负序电流整定值,经解复压后(注意短接与加量的配合),失灵保护动作。

失灵保护启动后经失灵延时1动作于母联,经失灵延时2切除该元件所在母线的各个连接元件。断路器失灵保护由各连接元件保护装置提供的保护跳闸接点启动。

8.5.5　母线低电压闭锁

相电压闭锁值为$0.7U_N$,零序及负序闭锁值分别为6 V、4 V。

8.6　A公司CSC-150数字式成套母线保护装置

CSC-150数字式成套母线保护装置(以下简称"装置"或"产品")适用于各

种电压等级的单母线、单母线分段、双母线、双母线单分段,以及一个半断路器
接线母线系统、一个半断路器接线无母线电压闭锁。

8.6.1 差动保护

差动保护的整组动作时间小于 30 ms(动作条件:典型金属性故障,大于 2
倍的动作电流,并有电压突变)。母联的 TA 极性与 I 母一致,比率制动式电流
差动保护的基本判据为

$$
\begin{cases}
|I_1 + I_2 + \cdots + I_n| \geqslant I_0 \\
|I_1 + I_2 + \cdots + I_n| \geqslant K \cdot (|I_1| + |I_2| + \cdots + |I_n|)
\end{cases}
\tag{8-10}
$$

式中,K 为制动系数;I_1、I_2、I_3 为支路电流,I_0 为差动门槛值,A。

$$
\begin{cases}
I_d = |I_1 + I_2 + \cdots + I_n| \\
I_f = |I_1| + |I_2| + \cdots + |I_n|
\end{cases}
\tag{8-11}
$$

比率差动保护动作特性曲线如图 8-7 所示。

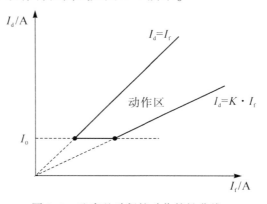

图 8-7　比率差动保护动作特性曲线 4

比率制动系数主要根据母线故障时流出电流占故障电流的比例和外部故
障时由于 TA 误差产生的不平衡电流整定。对于一个半断路器接线,可以将比
率制动系数整定为 0.3~0.5;对于双母线系统,大差的比率制动系数固定为
0.3,用户只需整定小差的比率制动系数,可以整定为 0.5~0.7。对 CSC-150A
(D)-G 系列,大差启动组件的比率制动系数固定为 0.3,小差选择组件的比率制
动系数固定为 0.3。差动特性校验参照 8.5.1,代入相应的 K 值进行计算即可。

8.6.2　母联失灵保护

(1) 差动启动母联失灵

投差动保护,母联 TWJ=0,L_1 在 Ⅰ 母,L_2 在 Ⅱ 母,L_0 为母联;母线保护电压闭锁组件开放。L_0 与 L_1 电流相位差 180°,模拟 Ⅱ 母区内故障且母联失灵,保护瞬时跳开与 Ⅱ 母相联的所有支路,并经母联分段失灵时间定值延时跳开与 Ⅰ 母相联的所有支路;L_0 与 L_2 电流相位差 0°,模拟 Ⅰ 母区内故障且母联失灵,保护瞬时跳开与 Ⅰ 母相联的所有支路,并经母联分段失灵时间定值延时跳开与 Ⅱ 母相联的所有支路。

(2) 外部启动母联失灵

母联 TWJ=0,L_1 在 Ⅰ 母,L_2 在 Ⅱ 母,L_0 为母联;母线保护电压闭锁组件开放。

$I_{L_0} \angle 0°$、$I_{L_1} \angle 180°$、$I_{L_2} \angle 0°$,三个支路电流的幅值大于母联失灵电流值且相等,短接母联失灵外部开入,经母联分段失灵时间定值延时后,母联失灵动作跳开与其关联的两段母线上的所有支路。

(3) 断路器失灵启动母联失灵

母联 TWJ=0,L_1 在 Ⅰ 母,L_2 在 Ⅱ 母,L_0 为母联;母线保护电压闭锁组件开放。断路器失灵保护投入。整定三相失灵相电流定值小于母联分段失灵电流定值。

$I_{L_0} \angle 0°$、$I_{L_1} \angle 180°$、$I_{L_2} \angle 0°$,三个支路电流的幅值大于母联失灵电流值且相等,短接 L_1 的三跳失灵启动开入,断路器失灵保护启动,经失灵保护 1 时限延时跳母联,经失灵保护 2 时限延时跳与 Ⅰ 母相关联的所有支路,然后再经母联分段失灵时间定值延时跳开与 Ⅱ 母相联的所有支路。

$I_{L_0} \angle 0°$、$I_{L_1} \angle 180°$、$I_{L_2} \angle 0°$,三个支路电流的幅值大于母联失灵电流值且相等,短接 L_2 的三跳失灵启动开入,断路器失灵保护启动,经失灵保护 1 时限延时跳母联,经失灵保护 2 时限延时跳与 Ⅱ 母相关联的所有支路,然后再经母联分段失灵时间定值延时跳开与 Ⅰ 母相联的所有支路。

8.6.3 母联死区保护

(1)并列运行母联死区故障

母联 TWJ = 0,L_1 在 I 母,L_2 在 II 母,L_0 为母联;母线保护电压闭锁组件开放。$I_{L_0} \angle 0°$、$I_{L_1} \angle 180°$,模拟 II 母区内故障,保护瞬时跳开与 II 母相联的所有组件,延时 150 ms 跳开与 I 母相联的所有组件;$I_{L_0} \angle 0°$、$I_{L_2} \angle 180°$,模拟 I 母区内故障,保护应瞬时跳开与 I 母相联的所有组件,延时 150 ms 跳开与 II 母相联的所有组件。

(2)分列运行母联死区故障

母联 TWJ = 1,L_2、L_4、L_6 在 I 母,L_1、L_3、L_5 在 II 母;母线保护电压闭锁组件开放。

① 状态 1:$I_{L_2} = 0.2$ A$\angle 0°$、$I_{L_4} = 0.2$ A$\angle 180°$、$I_{L_1} = 0.2$ A$\angle 0°$、$I_{L_3} = 0.2$ A$\angle 180°$,持续 3 s。

状态 2:$I_{L_2} = 0.2$ A$\angle 0°$、$I_{L_4} = 0.2$ A$\angle 180°$、$I_{L_1} = 0.2$ A$\angle 0°$、$I_{L_3} = 0.2$ A$\angle 180°$,$I_{母联} = 0.8$ A$\angle 0°$、$I_{L_6} = 0.8$ A$\angle 180°$,持续 1 s。

结果: I 母差动保护瞬时跳开与 I 母相联的所有组件,而 II 母持续运行。

② 状态 1:$I_{L_2} = 0.2$ A$\angle 0°$、$I_{L_4} = 0.2$ A$\angle 180°$、$I_{L_1} = 0.2$ A$\angle 0°$、$I_{L_3} = 0.2$ A$\angle 180°$,持续 3 s。

状态 2:$I_{L_2} = 0.2$ A$\angle 0°$、$I_{L_4} = 0.2$ A$\angle 180°$、$I_{L_1} = 0.2$ A$\angle 0°$、$I_{L_3} = 0.2$ A$\angle 180°$,$I_{母联} = 0.8$ A$\angle 0°$、$I_{L_5} = 0.8$ A$\angle 0°$,持续 1 s。

结果: II 母差动保护瞬时跳开与 I 母相联的所有组件,而 I 母持续运行。

8.6.4 断路器失灵保护

若失灵开入持续 10 s 存在,则告警失灵启动开入出错。

(1)无电流判别元件的断路器失灵

两对启动失灵接点开入,电压闭锁开放,失灵 1 时限跳母联,失灵 2 时限跳母联上所有元件。

(2)有电流判别元件的断路器失灵

短接失灵启动接点,并在对应元件的任一相 CT 中通入大于失灵相电流定值的电流,或在对应元件中通入的零序/负序电流大于相应的零序/负序电流整定值,经解复压后(注意短接与加量的配合),失灵保护动作。

8.6.5 电压闭锁

在差动动作的情况下,分别校验低电压、负序电压、零序电压的动作值,误差小于 5%。

8.6.6 PT 断线

①三相 PT 断线:三相母线电压均小于 8 V 且运行于该母线上的支路电流不全为 0。

②单相或两相 PT 断线:自产 $3U_0$ 大于 7 V 且三个线电压均小于 7 V,或自产 $3U_0$ 大于 7 V 且线电压两两模值之差中有一者大于 18 V,持续 10 s 满足以上判据确定母线 PT 断线。

8.7 D 公司 WMH-801A-G 母线保护装置

WMH-801A-G 适用于 220 kV 及以上各种电压等级、各种主接线方式的母线,是发电厂、变电站母线的成套保护装置。

8.7.1 差动保护

(1) 常规比率差动

动作判据:

$$
\begin{cases}
I_d > I_{set} \\
I_d > K \cdot I_r \\
I_d = \left| \sum_{j=1}^{n} \dot{I}_j \right| \\
I_r = \sum_{j=1}^{n} \left| \dot{I}_j \right|
\end{cases}
\tag{8-12}
$$

式中,K 为比率制动系数;I_d 为差动电流(参与差流计算的支路电流矢量和),I_r 为制动电流(参与差流计算的支路电流绝对值之和),I_{set} 为差动保护启动电流定值,I_j 为各支路电流,A。其动作特性曲线如图 8-8 所示。

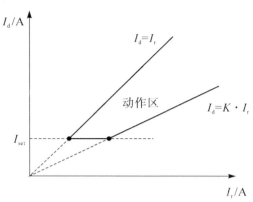

图 8-8　常规比率差动保护动作特性曲线 2

双母分列运行时,大差制动系数为 0.3,小差制动系数为 0.5;双母并列运行时,大差制动系数为 0.5,小差制动系数为 0.5。差动特性校验参照 8.5.1,代入相应的 K 值进行计算即可。母联 CT 与 Ⅰ 母支路 CT 同极性。

(2)突变量比率差动

动作方程:

$$
\begin{cases}
I_d > 0.3 I_r \\
I_d > I_{set} \\
\Delta I_d{}^* > 0.7 \Delta I_r{}^*
\end{cases}
\tag{8-13}
$$

小差增量制动特性测试:验证母线小差增量制动系数(增量制动系数为 0.7)。条件:差动复压开放,L_1、L_2 均在 Ⅰ 母,母联并列运行且不施加电流:$I_{set} \leqslant$ 1 A。

①制动系数小于 0.7。

状态 1:$I_{L_1} = 1$ A∠0°,$I_{L_2} = 1$ A∠180°,大差及 Ⅰ 母小差制动系数为 0。

状态 2:$I_{L_1} = 1.25$ A∠0°,$I_{L_2} = 2.4$ A∠180°,大差和 Ⅰ 母小差差流为 $I_{dA} = 1.15$ A,稳态量制动系数为 $K = 0.315$。

由状态 1 到状态 2 的过程中,增量差制动系数 $\Delta K = \Delta I_{dA} / \Delta I_{rA} = 0.697$,不满足小差增量差制动系数,故差动保护不动作。

②制动系数大于 0.7。

状态 1: $I_{L_1} = 1\ \text{A} \angle 0°$, $I_{L_2} = 1\ \text{A} \angle 180°$, 大差及 I 母小差制动系数为 0。

状态 2: $I_{L_1} = 1.25\ \text{A} \angle 0°$, $I_{L_2} = 2.6\ \text{A} \angle 180°$, 大差和 I 母小差差流为 $I_{dA} = 1.35\ \text{A}$。

由状态 1 到状态 2 的过程中, 稳态量制动系数为 $K = K_i = 0.35$(不满足稳态量动作条件), $\Delta I_d = 1.35$, $\Delta I_r = 1.85$, 增量差制动系数 $\Delta K = \Delta I_d / \Delta I_r = 1.35 / 1.85 = 0.73$, 满足增量制动保护动作条件, 突变量差动保护动作。

③差动复压闭锁判据。

差动保护用复合电压闭锁元件, 包含母线各相低电压、负序电压(U_2)、零序电压(自产 $3U_0$)元件, 各元件并行工作, 构成或门关系。程序内部将判别门槛分别固定为 40 V、6 V、4 V。

在差动动作的情况下, 分别校验低电压、负序电压、零序电压的动作值即可。

8.7.2 母联失灵保护

投差动保护, 母联 TWJ = 0, L_1 在 I 母, L_2 在 II 母, L_0 为母联; 母线保护电压闭锁开放。

(1)差动启动母联失灵

① L_0 与 L_1 电流相位差 180°, 模拟 II 母区内故障且母联失灵, 保护向母联发跳令后, 向母联支路继续通入大于母联分段失灵电流定值的电流, 保护瞬时跳开与 II 母相联的所有支路, 并经母联分段失灵时间定值延时跳开与 I 母相联的所有支路。

② L_0 与 L_2 电流相位差 0°, 模拟 I 母区内故障且母联失灵, 保护向母联发跳令后, 向母联支路继续通入大于母联分段失灵电流定值的电流, 保护瞬时跳开与 I 母相联的所有支路, 并经母联分段失灵时间定值延时跳开与 II 母相联的所有支路。

(2)外部启动母联失灵

母联 TWJ = 0, L_1 在 I 母, L_2 在 II 母, L_0 为母联; 母线保护电压闭锁组件开放。$I_{L_0} \angle 0°$、$I_{L_1} \angle 180°$、$I_{L_2} \angle 0°$, 三个支路电流的幅值大于母联失灵电流值且相等, 短接母联失灵外部开入, 经母联分段失灵时间定值延时后, 母联失灵动作跳开与其关联的两段母线上的所有支路。

8.7.3 充电过程校验

(1) 母线充电故障位于母联死区

当由Ⅰ母线通过母联断路器向Ⅱ母线充电时,若母联死区位置存在故障点,则保护根据手合开入接点及母联断路器的位置状态判别出充电过程。充电过程中闭锁差动保护300 ms,利用大差后备保护瞬时跳开母联断路器进而隔离故障点。结果如表8-12所列。

表8-12 母线充电故障位于母联死区试验数据

项目	状态1(15 s)	状态2(30 ms)	状态3(1 s)
Ⅰ母电压/V	$U_{1A} = 57.74\angle0°$ $U_{1B} = 57.74\angle240°$ $U_{1C} = 57.74\angle120°$	$U_{1A} = 57.74\angle0°$ $U_{1B} = 57.74\angle240°$ $U_{1C} = 57.74\angle120°$	$U_{1A} = 57.74\angle0°$ $U_{1B} = 57.74\angle240°$ $U_{1C} = 57.74\angle120°$
Ⅱ母电压/V	$U_{2A} = 0.00\angle0°$ $U_{2B} = 0.00\angle240°$ $U_{2C} = 0.00\angle120°$	$U_{2A} = 0.00\angle0°$ $U_{2B} = 0.00\angle240°$ $U_{2C} = 0.00\angle120°$	$U_{2A} = 0.00\angle0°$ $U_{2B} = 0.00\angle240°$ $U_{2C} = 0.00\angle120°$
母联电流/A	$I_{1A} = 0.00\angle0°$	$I_{1A} = 0.00\angle0°$	$I_{1A} = 0.00\angle0°$
L₁电流/A	$I_{1A} = 1.00\angle0°$	$I_{1A} = 1.00\angle0°$	$I_{1A} = 2.00\angle0°$
L₂电流/A	$I_{1A} = 1.00\angle180°$	$I_{1A} = 1.00\angle180°$	$I_{1A} = 2.00\angle0°$
母联位置	跳位	跳位	合位
手合开入	0	1	1

状态1:Ⅰ母负荷平衡,Ⅱ母无压,母联跳位无电流,具备充电前条件。

状态2:手合开入,满足充电条件,保护识别出充电过程。

状态3:母联无电流,且大差满足动作条件,符合充电到死区的故障特征,大差后备瞬时跳母联。

(2) 充电到故障母线

以由Ⅰ母线向Ⅱ母充电为例进行说明,母联跳位,任一段母线无压,再施加母联手合开入,同时模拟Ⅱ母上故障(母联有电流),满足差动条件,此时Ⅱ母差动保护动作。结果如表 8-13 所列。

表 8-13　充电到故障母线试验数据

项目		状态 1(15 s)	状态 2(30 ms)	状态 3(1 s)
Ⅰ母电压/V		$U_{1A} = 57.74∠0°$	$U_{1A} = 57.74∠0°$	$U_{1A} = 57.74∠0°$
		$U_{1B} = 57.74∠240°$	$U_{1B} = 57.74∠240°$	$U_{1B} = 57.74∠240°$
		$U_{1C} = 57.74∠120°$	$U_{1C} = 57.74∠120°$	$U_{1C} = 57.74∠120°$
Ⅱ母电压/V		$U_{2A} = 0.00∠0°$	$U_{2A} = 0.00∠0°$	$U_{2A} = 0.00∠0°$
		$U_{2B} = 0.00∠240°$	$U_{2B} = 0.00∠240°$	$U_{2B} = 0.00∠240°$
		$U_{2C} = 0.00∠120°$	$U_{2C} = 0.00∠120°$	$U_{2C} = 0.00∠120°$
母联电流/A		$I_{1A} = 0.00∠0°$	$I_{1A} = 0.00∠0°$	$I_{1A} = 4.00∠0°$
L₁ 电流/A		$I_{1A} = 1.00∠0°$	$I_{1A} = 1.00∠0°$	$I_{1A} = 2.00∠0°$
L₂ 电流/A		$I_{1A} = 1.00∠180°$	$I_{1A} = 1.00∠180°$	$I_{1A} = 2.00∠0°$
母联位置		跳位	跳位	合位
手合开入		0	1	1

状态 1：Ⅰ母负荷平衡，Ⅱ母无压，母联跳位无电流，具备充电前条件。

状态 2：手合开入，满足充电条件，保护识别出充电过程。

状态 3：Ⅱ母母线故障，母联支路流过故障电流，母联有电流不满足闭锁差动保护动作条件，Ⅱ母差动保护动作，Ⅱ母差动保护动作跳母联。

8.7.4　母联死区保护

(1) 母联断路器处于合位时(并列运行)的死区故障

模拟母联并列运行，母联断路器和 CT 之间发生故障，保护应该先跳断路器侧母线，延时跳 CT 侧母线。

L₁ 在Ⅰ母，L₂ 在Ⅱ母，母联 CT 在Ⅱ母侧；母线电压闭锁开放。结果如表 8-14 所列。

表 8-14　母联断路器合位死区保护试验数据

项目	状态 1(15 s)	状态 2(30 ms)	状态 3(1 s)
母联电流/A	$I_A = 1.00∠0°$	$I_A = 1.00∠0°$	$I_A = 2.00∠0°$

项目	状态 1(15 s)	状态 2(30 ms)	状态 3(1 s)
L_1 电流/A	$I_{1A} = 1.00\angle180°$	$I_{1A} = 1.00\angle0°$	$I_{1A} = 0.00\angle0°$
L_2 电流/A	$I_{2A} = 1.00\angle0°$	$I_{2A} = 1.00\angle0°$	$I_{2A} = 1.00\angle0°$
母联位置	合位	合位	跳位

状态 1:系统负荷平衡,装置不启动。

状态 2:模拟死区故障,Ⅰ母差动保护动作,跳开支路 L_1 和母联。

状态 3:跳位翻转后,延时 150 ms 封母联 CT,Ⅱ母差动保护动作跳开支路。

(2)母联断路器处于跳位时(分列运行)的死区故障

模拟母联分列运行(分列运行压板投入,母联跳位且无电流,Ⅰ、Ⅱ母均有电压),模拟母线区内故障,保护应只跳母联 CT 侧母线。

L_1 在Ⅰ母,L_2、L_3 在Ⅱ母,母联 CT 在Ⅱ母侧,结果如表 8-15 所列。

表 8-15 母联断路器跳位死区保护试验数据

项目	状态 1(15 s)	状态 2(1 ms)
Ⅰ母电压/V	$U_{1A} = 57.74\angle0°$ $U_{1B} = 57.74\angle240°$ $U_{1C} = 57.74\angle120°$	$U_{1A} = 57.74\angle0°$ $U_{1B} = 57.74\angle240°$ $U_{1C} = 57.74\angle120°$
Ⅱ母电压/V	$U_{2A} = 57.74\angle0°$ $U_{2B} = 57.74\angle240°$ $U_{2C} = 57.74\angle120°$	$U_{2A} = 0.00\angle0°$ $U_{2B} = 57.74\angle240°$ $U_{2C} = 57.74\angle120°$
母联电流/A	$I_A = 0.00\angle0°$	$I_A = 2.00\angle0°$
L_1 电流/A	$I_{1A} = 0.00\angle0°$	$I_{1A} = 0.00\angle0°$
L_2 电流/A	$I_{2A} = 1.00\angle0°$	$I_{2A} = 1.00\angle0°$
L_3 电流/A	$I_{3A} = 1.00\angle180°$	$I_{3A} = 1.00\angle0°$
母联位置	跳位	跳位

状态 1:系统负荷平衡,装置不启动。

状态 2:模拟死区故障,Ⅱ母差动保护动作,跳开支路 L_2、L_3 和母联。

8.7.5　断路器失灵保护

(1)三相跳闸接点的启动方式

加三相启动失灵开入,并在对应支路的任一相别施加大于失灵相电流(同时满足整定的零序或负序电流定值)定值的电流,失灵保护动作。线路支路是相电流跟零、负序电流的逻辑与,主变支路时相电流跟零、负序电流的逻辑或。

(2)差动启动失灵方式

对于主变支路,可以由差动保护跳支路来启动该支路的失灵保护。当差动保护动作跳主变支路后,继续在此主变支路上施加大于失灵定值的电流,此时失灵保护动作。电压闭锁定值:在满足失灵电流元件动作的条件下,分别检验保护的电压闭锁元件的中相低电压、负序电压和零序电压定值。

8.7.6　CT 断线闭锁、PT 异常告警

在任一支路通入大于 CT 断线闭锁电流定值的电流,装置延时 7 s 发"CT 断线"信号,"交流断线"灯亮,并闭锁断线相母线段的差动保护。

在任一支路通入大于 CT 异常告警电流定值的电流,装置延时 7 s 发"CT 异常"信号,"运行异常"灯亮,但不闭锁任何保护。

在任意母线上施加小于 $0.52U_n$ 的正序电压或者大于 $0.105U_n$ 的负序电压,装置延时 10 s 发"PT 断线"信号,"交流断线"灯亮。

8.8　B 公司 SGB-750 数字式母线保护

SGB-750 数字式母线保护装置(常规站)适用于 10~1 000 kV 各电压等级的常规变电站的各种接线方式的母线,可作为发电厂、变电站母线的成套保护装置。

8.8.1　差动保护

常规比率差动的动作判据:

$$\begin{cases} I_d > I_{set} \\ I_d > K \cdot I_r \quad (K = 0.3) \\ I_d = \left| \sum_{i=1}^{N} \dot{I_i} \right| \\ I_r = \sum_{i=1}^{N} \left| \dot{I_i} \right| \end{cases} \qquad (8-14)$$

式中，I_{set}为差动电流整定值(差动保护启动电流定值)，即最小动作电流，A。

母联单元只装设一组电流互感器，该电流互感器一次绕组安装时，靠近 I 段母线的是同极性标记端，靠近 II 段母线的是非同极性标记端。因此，在 I 段母线比率差动保护的求和计算中，"+"(正方向计入)母联电流，而在 II 段母线比率差动保护的求和计算中，"−"(反方向计入)母联电流。常规比率差动保护动作特性如图 8-9 所示。

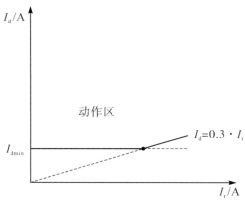

图 8-9　常规比率差动保护动作特性曲线 3

注：I_d为差动电流，I_r为制动电流，$I_{dmin} = I_{set}$。

(1) 差动平衡校验

差动保护的平衡校验结果如表 8-16 所列。

表 8-16　差动平衡校验数据 3

相别	母联通入电流/A	L_t(I 母)电流/A	差动电流 I_d/A
A 相	$1.00\angle 0°$	$1.00\angle 180°$	0.00
B 相	$1.00\angle 0°$	$1.00\angle 180°$	0.00

续表

相别	母联通入电流/A	L₁(Ⅰ母)电流/A	差动电流 I_d/A
C 相	1.00∠0°	1.00∠180°	0.00
A 相	1.00∠0°	1.00∠0°	0.00
B 相	1.00∠0°	1.00∠0°	0.00
C 相	1.00∠0°	1.00∠0°	0.00

相别	母联通入电流/A	L₂(Ⅱ母)电流/A	差动电流 I_d/A
A 相	1.00∠0°	1.00∠180°	1.00
B 相	1.00∠0°	1.00∠180°	1.00
C 相	1.00∠0°	1.00∠180°	1.00
A 相	1.00∠0°	1.00∠0°	1.00
B 相	1.00∠0°	1.00∠0°	1.00
C 相	1.00∠0°	1.00∠0°	1.00

(2)区内故障模拟

不加电压,将 CT 断线闭锁定值抬高。选取Ⅰ母上任一单元(将相应隔刀强制至Ⅰ母),任选一相相应端子加电流,升至差动保护启动电流定值,模拟Ⅰ母区内故障,差动保护瞬时动作,跳开母联及Ⅰ母上的所有连接单元。在Ⅱ母上做相同试验,跳开母联及Ⅱ母上的所有连接单元。

自动互联:将任一单元的两把刀闸同时短接,模拟倒闸操作,此时模拟上述区内故障,差动保护动作切除两段母线上的所有连接单元。

手动互联:投入母线互联压板,重复模拟倒闸过程中的区内故障,差动保护动作切除两段母线上的所有连接单元。

任选Ⅰ母一单元、Ⅱ母一单元,同名相加大小相等、方向相反的两路电流,此时大差平衡,两小差均不平衡,保护装置强制互联。再选Ⅰ母(或Ⅱ母)任一单元加电流,模拟区内故障,此时差动动作切除两段母线上的所有连接单元。

(3)模拟区外故障

不加电压,变比相同。任选Ⅰ母一单元、Ⅱ母一单元,母联合位,加穿越性电流,模拟区外故障,电流均大于差动保护启动电流定值,此时差动电流为 0,差动保护不动作。$I_{L_1} = 1\ \text{A} \angle 0°$,$I_{L_2} = 1\ \text{A} \angle 180°$,$I_{母联} = 1\ \text{A} \angle 180°$。

(4)比例特性校验

I_1、I_2 为同一母线上的两支路电流,CT 变比相同,设定 c 点 $I_d = 1\ \text{A}$、d 点 $I_d = 2\ \text{A}$,$K = 0.3$,则比例特性校验结果如表 8-17 所列。

表 8-17　比例特性校验数据

项目	不同点位电流/A			
	a 点(起点)	b 点(拐点)	c 点(边界线点)	d 点(边界线点)
I_1	I_{min}	$(13/6) \cdot I_{min}$	13/6	13/3
I_2	0	$(7/6) \cdot I_{min}$	7/6	7/3
I_d	I_{min}	I_{min}	1	2
I_r	I_{min}	$(10/3) \cdot I_{min}$	10/3	20/3

(5)CT 断线闭锁差动

在 Ⅰ(或 Ⅱ)母上任一单元 A 相加电流至 CT 断线闭锁定值,延时 5 s 发"CT 断线"闭锁事件,CT 断线信号灯及信号接点导通,A 相继续加故障电流至差动动作值,此时差动不出口。B、C 相依次进行 CT 断线闭锁校验。

8.8.2　母联失灵保护

(1)差动启动母联失灵

投差动保护,母联 TWJ = 0,L_1 在 Ⅰ 母,L_2 在 Ⅱ 母,L_0 为母联;两段母线保护电压闭锁组件开放。

① L_0 与 L_1 电流相位差 180°,模拟 Ⅱ 母区内故障且母联失灵,保护瞬时跳开与 Ⅱ 母相联的所有支路,并经母联分段失灵时间定值延时跳开与 Ⅰ 母相联的所有支路。

② L_0 与 L_2 电流相位差 0°,模拟 Ⅰ 母区内故障且母联失灵,保护瞬时跳开与 Ⅰ 母相联的所有支路,并经母联分段失灵时间定值延时跳开与 Ⅱ 母相联的所有支路。

(2) 外部启动母联失灵

母联 TWJ = 0，L_1 在 I 母，L_2 在 II 母，L_0 为母联；母线保护电压闭锁组件开放。$I_{L_0} \angle 0°$、$I_{L_1} \angle 180°$、$I_{L_2} \angle 0°$，三个支路电流幅值大于母联失灵电流值且相等，短接母联失灵外部开入，经母联分段失灵时间定值延时后，母联失灵动作跳开与其关联的两段母线上的所有支路。

(3) 断路器失灵启动母联失灵

母联 TWJ = 0，L_1 在 I 母，L_2 在 II 母，L_0 为母联；母线保护电压闭锁组件开放。断路器失灵保护投入。整定三相失灵相电流定值小于母联分段失灵电流定值。

① $I_{L_0} \angle 0°$、$I_{L_1} \angle 180°$、$I_{L_2} \angle 0°$，三个支路电流幅值大于母联失灵电流值且相等，短接 L_1 的三跳失灵启动开入，断路器失灵保护启动，经失灵保护 1 时限延时跳母联，经失灵保护 2 时限延时跳开与 I 母相关联的所有支路，然后再经母联分段失灵时间定值延时跳开与 II 母相联的所有支路。

② $I_{L_0} \angle 0°$、$I_{L_1} \angle 180°$、$I_{L_2} \angle 0°$，三个支路电流幅值大于母联失灵电流值且相等，短接 L_2 的三跳失灵启动开入，断路器失灵保护启动，经失灵保护 1 时限延时跳母联，经失灵保护 2 时限延时跳开与 II 母相关联的所有支路，然后再经母联分段失灵时间定值延时跳开与 I 母相联的所有支路。

8.8.3 母联死区保护

(1) 母线并列运行时的死区故障

两段母线电压均开放，任选 I 母一单元、II 母一单元，模拟母联 TWJ = 0 合位，将 I 母单元与母联同相加大小相等、方向相反的电流，所加电流大于差动保护启动电流定值，此时 II 母差动保护瞬时动作，模拟母联开关分位 TWJ = 1，延时 150 ms 后，I 母差动动作。

(2) 母线分列运行时的死区故障

母联分位 TWJ = 1，任选 I（或 II）母一单元，将本单元与母联同相加大小相等、方向相反（或相同）的电流，所加电流大于差动保护启动电流定值，此时 I 母差动保护瞬时动作。模拟母联分列运行(分列运行压板投入,母联跳位且无电流,Ⅰ、Ⅱ母均有电压),模拟母线区内故障,保护应只跳母联 CT 侧母线。参照8.7.4 校验。

8.8.4 母联充电:模拟Ⅱ母向Ⅰ母充电(CT 在Ⅰ母侧)

状态 1:故障前状态,根据充电前状态加电压,SHJ 开入,持续 30 ms。

状态 2:故障状态,根据试验所述加故障电流,故障持续 100 ms(或400 ms)。

状态 3:故障后状态,Ⅱ母电压恢复正常。

(1)故障在被充电母线

Ⅱ母电压正常,Ⅰ母电压开放,母联 SHJ 开入,母联与Ⅱ母同名相加大小相等、方向相同的电流,所加电流大于差动保护启动电流定值,此时母联有电流,开放闭锁,Ⅰ母差动动作,跳开母联及Ⅰ母切除故障。L_1、L_2 在Ⅱ母,结果如表8-18 所列。

表 8-18　故障在被充电母线试验数据

项目	状态 1(10 s)	状态 2(30 ms)	状态 3(1 s)
Ⅱ母电压/V	$U_{1A} = 57.74\angle0°$ $U_{1B} = 57.74\angle240°$ $U_{1C} = 57.74\angle120°$	$U_{1A} = 57.74\angle0°$ $U_{1B} = 57.74\angle240°$ $U_{1C} = 57.74\angle120°$	$U_{1A} = 0.00\angle0°$ $U_{1B} = 0.00\angle240°$ $U_{1C} = 0.00\angle120°$
Ⅰ母电压/V	$U_{2A} = 0.00\angle0°$ $U_{2B} = 0.00\angle240°$ $U_{2C} = 0.00\angle120°$	$U_{2A} = 0.00\angle0°$ $U_{2B} = 0.00\angle240°$ $U_{2C} = 0.00\angle120°$	$U_{2A} = 0.00\angle0°$ $U_{2B} = 0.00\angle240°$ $U_{2C} = 0.00\angle120°$
母联电流/A	$I_{1A} = 0.00\angle0°$	$I_{1A} = 0.00\angle0°$	$I_{1A} = 4.00\angle0°$
L_1电流/A	$I_{1A} = 1.00\angle0°$	$I_{1A} = 1.00\angle0°$	$I_{1A} = 2.00\angle0°$
L_2电流/A	$I_{1A} = 1.00\angle180°$	$I_{1A} = 1.00\angle180°$	$I_{1A} = 2.00\angle0°$
母联位置	跳位	跳位	合位
手合开入	0	1	1

(2) 故障在死区

Ⅱ母电压正常，Ⅰ母电压开放，母联 SHJ 开入，Ⅱ母所加电流大于差动保护启动电流定值的 1.1 倍。此时母联无电流，闭锁差动，充电死区跳母联，切除母联，故障返回，Ⅱ母不会误切。L_1、L_2 在Ⅱ母，结果如表 8-19 所列。

表 8-19　故障在死区试验数据

项目	状态 1(10 s)	状态 2(30 ms)	状态 3(1 s)
Ⅱ母电压/V	$U_{1A} = 57.74\angle 0°$ $U_{1B} = 57.74\angle 240°$ $U_{1C} = 57.74\angle 120°$	$U_{1A} = 57.74\angle 0°$ $U_{1B} = 57.74\angle 240°$ $U_{1C} = 57.74\angle 120°$	$U_{1A} = 0.00\angle 0°$ $U_{1B} = 0.00\angle 240°$ $U_{1C} = 0.00\angle 120°$
Ⅰ母电压/V	$U_{2A} = 0.00\angle 0°$ $U_{2B} = 0.00\angle 240°$ $U_{2C} = 0.00\angle 120°$	$U_{2A} = 0.00\angle 0°$ $U_{2B} = 0.00\angle 240°$ $U_{2C} = 0.00\angle 120°$	$U_{2A} = 0.00\angle 0°$ $U_{2B} = 0.00\angle 240°$ $U_{2C} = 0.00\angle 120°$
母联电流/A	$I_{1A} = 0.00\angle 0°$	$I_{1A} = 0.00\angle 0°$	$I_{1A} = 0.00\angle 0°$
L_1 电流/A	$I_{1A} = 1.00\angle 0°$	$I_{1A} = 1.00\angle 0°$	$I_{1A} = 2.00\angle 0°$
L_2 电流/A	$I_{1A} = 1.00\angle 180°$	$I_{1A} = 1.00\angle 180°$	$I_{1A} = 2.00\angle 0°$
母联位置	跳位	跳位	合位
手合开入	0	1	1

(3) 故障在运行母线

Ⅱ母电压开放，Ⅰ母电压开放，母联 SHJ 开入，Ⅱ母所加电流大于差动保护启动电流定值的 1.1 倍。此时母联无电流，闭锁差动，充电死区跳母联，切除母联，故障不返回，延时 300 ms 后Ⅱ母差动动作，切除故障。L_1、L_2 在Ⅱ母。结果如表 8-20 所列。

表 8-20　故障在运行母线试验数据

项目	状态 1(10 s)	状态 2(30 ms)	状态 3(1 s)
Ⅰ母电压/V	$U_{1A} = 57.74\angle 0°$ $U_{1B} = 57.74\angle 240°$ $U_{1C} = 57.74\angle 120°$	$U_{1A} = 57.74\angle 0°$ $U_{1B} = 57.74\angle 240°$ $U_{1C} = 57.74\angle 120°$	$U_{1A} = 0.00\angle 0°$ $U_{1B} = 0.00\angle 240°$ $U_{1C} = 0.00\angle 120°$

续表

项目	状态1(10 s)	状态2(30 ms)	状态3(1 s)
Ⅱ母电压/V	$U_{2A} = 0.00\angle 0°$ $U_{2B} = 0.00\angle 240°$ $U_{2C} = 0.00\angle 120°$	$U_{2A} = 0.00\angle 0°$ $U_{2B} = 0.00\angle 240°$ $U_{2C} = 0.00\angle 120°$	$U_{2A} = 0.00\angle 0°$ $U_{2B} = 0.00\angle 240°$ $U_{2C} = 0.00\angle 120°$
母联电流/A	$I_{1A} = 0.00\angle 0°$	$I_{1A} = 0.00\angle 0°$	$I_{1A} = 0.00\angle 0°$
L_1 电流/A	$I_{1A} = 1.00\angle 0°$	$I_{1A} = 1.00\angle 0°$	$I_{1A} = 2.00\angle 0°$
L_2 电流/A	$I_{1A} = 1.00\angle 180°$	$I_{1A} = 1.00\angle 180°$	$I_{1A} = 2.00\angle 0°$
母联位置	跳位	跳位	合位
手合开入	0	1	1

8.8.5 断路器失灵保护

失灵保护硬压板、软压板同时投入,失灵保护控制字投入,电压闭锁条件开放。

(1)线路单元单相失灵启动

用继电保护测试仪加任一相失灵开入,并在相应相别加入大于 $0.05I_n$ 的电流,同时满足通入的支路零序或负序电流满足定值条件,失灵保护动作经失灵保护1时限跳母联,失灵保护2时限跳相应母线。

(2)线路单元三相失灵启动

短接三跳开入,并在三相同时加大于三相失灵相电流定值或零序过流或负序过流,失灵保护动作,经失灵保护1时限跳母联,失灵保护2时限跳相应母线。

(3)主变单元

短接主变支路加三相启失灵开入,继电保护测试仪通入满足三相失灵相电流定值或零序过流或负序过流的电流,失灵保护动作,经失灵保护1时限跳母联,失灵保护2时限跳相应母线及主变三侧。

若失灵启动接点或解电压闭锁接点长期启动(10 s),则装置发"运行异常"信号接点及告警信号灯,同时闭锁该支路相应功能。

8.8.6　母联充电过流

投入母联(分段)充电过流压板,投入充电过流Ⅰ、Ⅱ段保护控制字;在母联分别加 A、B、C 相电流,充电过流保护Ⅰ、Ⅱ段动作,母联保护信号灯亮,母联出口跳闸。投入母联充电过流压板,投入充电零序过流段保护控制字;在母联 A 相加电流至零序定值,充电零序过流保护动作,母联保护信号灯动作,母联出口跳闸。

8.8.7　母联非全相保护

投入母联非全相保护压板,用继电保护测试仪模拟三相位置不一致(如 A 相断路器位置为分,B、C 相断路器位置为合),母联加电流达到零序或负序至定值,母联(分段)非全相动作,母联保护信号灯亮,母联出口跳闸。

8.8.8　PT 断线告警

(1)模拟单相断线

加正常电压,任选一段母线电压,母线 $3U_0$ 大于 8 V,延时 10 s,报该母线 PT 断线动作。

(2)模拟三相断线

加正常电压,任选一段母线电压,三相幅值和小于 30 V,延时 10 s,报该母线 PT 断线动作。

9 一些通用的调试方法

9.1 零序方向元件动作特性另类扫描

9.1.1 基本思路

零序方向过流保护是一种常见的保护类型,和阻抗保护一起经常被配置为高压线路、大型变压器的后备保护。扫描它的动作区间,校验它的方向指向,是一项十分重要的工作。这里以 RCS-978CN 变压器保护的高压侧零序过流为例,做出总结。

在 RCS-978CN 保护中,随方向控制字的投退,零序方向过流保护的动作区间完全相反。当方向控制字为"0"时,方向指向系统,动作区间如图 9-1(a)所示,I_0 的灵敏角是 $-75°$,两个边界的角度分别是 $15°$ 和 $-165°$。当方向控制字为"1"时,方向指向变压器,动作区间如图 9-1(b)所示,I_0 的灵敏角是 $-255°$,两个边界的角度分别是 $15°$ 和 $-165°$。

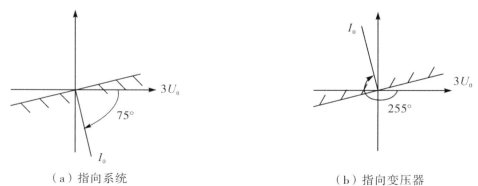

（a）指向系统　　　　　　　　　　　（b）指向变压器

图 9-1　零序方向过流保护方向元件的动作特性图

设定控制字后,扫描动作方向特性最基本的思路就是固定 $3U_0$ 的角度、改变 I_0 的角度来进行试验,根据动作情况绘制出动作方向特性图。$3U_0$ 是三相电压的矢量和,在单相接地故障中,$3U_0$ 的方向正好与故障相电压的相位相反。以 A 相为例,如图 9-2(a)所示,若设故障相电压 U_A 的角度为 0°,则 $3U_0$ 的角度就为 180°。

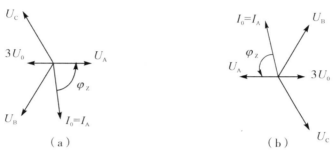

图 9-2　A 相接地矢量关系

如果要将 $3U_0$ 的角度调整到 0°,就要同时调整三相电压的角度,如图 9-2(b)所示。I_0 是三相电流的矢量和,在忽略负荷电流的情况下,可以理想地认为 I_0 就是故障相电流 I_A,如图 9-2(a)所示。

有了上面这些向量关系的确定,模拟扫描时就可以对应图 9-2(b)所示输入三相电压,得到预期的 $3U_0$;输入单相故障电流,得到 I_0。改变单相故障电流的相位,也就是改变 I_0 角度,来验证方向元件的动作特性。

9.1.2　寻找捷径

9.1.1 是最基本的扫描方式,这种扫描方式直观明了且便于理解,但是要对三相电压分别进行设置就比较麻烦,这增加了对试验仪器控制菜单的要求,可能在模拟 B 相、C 相接地时就不能很好地控制 $3U_0$ 的相位。当然 $3U_0$ 的相位变了,I_0 的动作区间也就不一样了,势必增加理解的复杂程度。

如何能更方便地实现这种扫描过程呢?看图 9-2(a),其所示是典型的 A 相接地故障时的向量模型。各向量角度以 A 相电压为基准,这种模式正是行业内大多数校验仪器所采用的输出模式。那么我们能否考虑将图 9-2(a)中这种将 $3U_0$ 置于 180° 位置的模式作为基准,来校验 I_0 的动作区间呢?将 $3U_0$ 置于 180° 位置时,图 9-1 中的两种动作特性将等效于图 9-3。

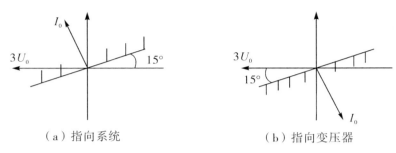

（a）指向系统　　　　　　　　　（b）指向变压器

图9-3　$3U_0$置于180°位置时零序方向元件的方向特性

其实我们只需要把图9-1上下颠倒过来看就变成图9-3的样式了。现场操作时把说明书上下反过来看是同样的效果，不用把动作特性图再另外画一遍。

以一台继电保护测试仪为例，选择整组菜单，设定故障类型为A相接地时，故障电压将按照图9-2（a）的大小、相位关系输出，$3U_0$落于相位180°位置。通过整定短路阻抗的阻抗角和故障方向，可以改变I_A即I_0的角度。当故障方向选择正方向时，短路阻抗的阻抗角度值取反正好是I_A即I_0的角度。所以，只需要观察阻抗角，就可以得出I_0的角度了。比如阻抗角为60°，I_A即I_0的角度就为-60°；阻抗角为-60°，I_A即I_0的角度就为60°。图9-3中方向指向变压器的特性中，I_0的灵敏角是-75°，两个边界的角度分别是15°和-165°。若对应到短路阻抗角，则它的灵敏角是75°，两个边界的角度是-15°和165°。

9.1.3　分析原理

实际的操作中可能很多人都已经使用过这种方法了，不同的是有的人是通过直接观察故障状态栏中故障电流的角度来确定I_0的角度，而没有考虑阻抗角和I_0的角度关系。在进行A相接地故障模拟时，I_A的角度就是I_0的角度，直接观察很方便，但是如果是模拟B相、C相接地故障，就很不直观了。B、C相接地矢量图如图9-4所示。

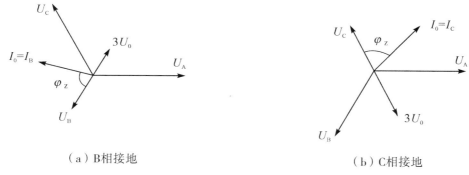

（a）B相接地 　　　　　　　　　　　（b）C相接地

图 9-4　B、C 相接地矢量图

方向还是指向变压器,B 相接地时零序方向元件 I_0 即 I_B 的灵敏角为 165°,两侧动作边界的角度分别为 -105° 和 75°;C 相接地时零序方向元件 I_0 即 I_C 的灵敏角为 45°,两侧动作边界的角度分别为 135° 和 -45°。虽说这些数据的计算并不复杂,理解上也没有什么难度,但明显已经不那么直观明晰了。没有清晰的概念和良好的工作状态,很容易判断错误。我们再尝试把上面的电流角度转换为故障阻抗角度:

$$短路阻抗角\ \varphi_Z = 短路相电压角度 - 短路相电流角度 \tag{9-1}$$

B 相接地时,零序方向元件 I_0 即 I_B 的灵敏角 165° 对应的阻抗角为 75°,两侧动作边界的角度 -105° 和 75° 对应的阻抗角分别为 -15° 和 165°;C 相接地时,零序方向元件 I_0 即 I_C 的灵敏角 45° 对应的阻抗角为 75°,两侧动作边界的角度 135° 和 -45° 对应的阻抗角分别为 -15° 和 165°。

可见三相对应到阻抗角模式下的方向特性参数是完全相同的,这也反映了零序方向保护本身的实质,即方向和故障的阻抗角度密切相关。

9.1.4　精　炼

总结一下:倒置厂家说明书的动作特性图,将 $3U_0$ 置于 180° 位置;将待验证的角度参数取反,作为短路阻抗角进行试验。将 $3U_0$ 置于 180° 位置的原因前面的分析过程已经说明,是这种方法的前提条件。从理论上要说明的是短路阻抗角是相对短路相电压的,而且是将短路相电压的矢量置于 0° 位置的相对角度,而此时 $3U_0$ 的角度正好是 180°。I_0 的角度与短路阻抗角的角度之间取反,是因为矢量坐标系统中逆时针为正方向,沿逆时针方向旋转角度越来越大;短路阻抗角是反映短路相电流落后该相电压的角度,沿顺时针方向越来越大。两者的关系正好相反。

在变压器保护中,零序保护的方向指向一般都可以通过控制字进行选择,不同的指向、不同的动作区间,对应不同的跳闸出口逻辑。这种方法在多变的逻辑验证中十分有效。虽然它在线路保护中相对简单一点,但在不对称动作边界特性保护的校验中还是会显现它的优势(大大简化了计算和判断的过程)。

9.2 用时间控制方式准确模拟重合过程

9.2.1 引 言

重合到永久性故障上是保护校验及传动中经常需要模拟的一种现象。最直截了当的方法是从保护装置引返回接点,来切除故障和重合故障。但是这就使过程变得比较复杂,在装置接点不富余或接点带电位的情况下可能更麻烦。这时我们就要靠仪器本身的时间设置或人为控制故障的切除和重合。对于有些装置,人为地开入或按键来控制可以实现该故障的模拟,而在对时间配合要求较高的装置或项目中,人为控制的成功率很低,这就需要更准确、更稳定的时间控制方式。

9.2.2 保护动作回顾

在讨论方法之前,我们先分析一个重合到永久性故障上又加速跳开的保护动作过程。下面是 PSL-621D 线路保护的一则动作报文:

01 ms:零序Ⅰ段保护启动;

17 ms:零序Ⅰ段保护出口;

124 ms:重合闸启动;

725 ms:重合闸出口;

1222 ms:零序加速段出口。

逐条分析:

01 ms 零序Ⅰ段保护启动、17 ms 零序Ⅰ段保护出口:启动由第一次正向范围内故障引起,经装置固有动作时间后于 17 ms 出口。

124 ms 重合闸启动:由于第一次故障延时是 100 ms,因此考虑装置固有时间,这里重合闸的启动时刻为 124 ms,说明在故障切除、保护动作返回时,重合闸才能启动。

725 ms 重合闸出口：示例中重合闸延时定值为 0.6 s，从启动到出口相差 601 ms，正是重合闸延时定值的 0.6 s。

1222 ms 零序加速段出口：仪器在 1.1 s 时刻输出第二次故障，零序加速段经时间定值 0.1 s 延时于 1.2 s 后动作。

9.2.3 分析结论

根据上面的分析，要确保这一过程的准确实现，故障模拟过程各步时间的控制要保证如下：

第一步：故障前的状态要确保 TV 断线报警信号消失，这一点在 NR 的系列保护装置中尤为关键，一般要在加上正常电压约 10 s 后 TV 报警才能消失。

第二步：施加第一次故障，故障延时要足够让预想的保护动作出口（示例中为零序 I 段）。同时延时也不能太长，太长则装置会判跳闸失败，可能会引起其他逻辑动作，三跳或永跳。一般将延时设定为比预想的保护动作时间长 20~100 ms 即可。

第三步：空载状态，即故障被切除，保护动作返回，经重合闸延时定值后准备重合。要确保重合闸出口并重合成功，这一阶段的延时要足够长，从第一次故障切除开始计时，至少应该是重合闸延时定值加上出口及操作回路的固有时间，考虑将其定为 100~200 ms。当然也不能太长，太长则不是重合到故障上，而是两次独立的故障。

第四步：施加第二次故障，故障类型和延时根据预期的目的和定值来设置，确保动作即可，延时不要太长。

实际上，根据上面的讨论，如何通过仪器的时间设置来实现重合到永久性故障的思路已经十分明确了。这里抛砖引玉地展示两种方法作为参考，定值参数还沿用上面的例子。

(1) 用状态序列菜单实现

状态 1：空载状态。加三相对称电压，无电流；结束方式为时间控制，设为 11 s，等待 TV 告警信号消失。

状态 2：A 相接地。满足零序 I 段可靠动作；结束方式为时间控制，延时保证保护可靠动作，设为 0.05 s。

状态 3:空载状态。加三相对称电压;结束方式为时间控制,延时保证重合闸能可靠出口;重合闸延时定值为 0.6 s,则设此状态延时 0.8 s。

状态 4:A 相接地。满足零序加速段大小及延时定值;结束方式为时间控制,设为 0.12 s。

(2)用零序保护菜单实现

零序菜单在第一次输出故障前会自动预置空载状态并等待确认进入下一步,这就满足了对状态 1 的要求。

接下来的 3 个状态就需要对菜单各栏进行设置来实现了。

①在定值栏中,零序Ⅰ段定值框内输入零序Ⅰ段定值;零序Ⅱ段定值框内输入零序加速段定值,对于没有加速段定值的情况,再输入零序Ⅰ段定值。

②在故障栏中选 A 相正向故障。

③在项目栏中选择零序Ⅰ段 1.1 倍、零序Ⅱ段 1.1 倍。

④在设置栏中设置故障限时、故障前时间等,其中:

Ⅰ.由于每次故障的限时参数都是共用的,因此故障限时的设定应考虑同时满足两次故障的时间要求。一般地,两次故障的时间要求都在 250 ms 以下时可以实现,超过 250 ms,则用于 330 kV 线路的装置有可能自动由单跳转三跳或永跳。示例中第一次故障保护动作时间为 17 ms 左右,第二次为 122 ms 左右,设定菜单中的故障限时为 0.12 s。

Ⅱ.故障前时间其实就是第一次故障切除后留给重合闸启动及出口的时间,其应大于重合闸延时定值,设为 0.8 ms。

Ⅲ.故障启动为自启动。

Ⅳ.跳闸延时为 0 s。

Ⅴ.合闸延时为 0 s。

上述这两种方法都经过反复试验,大家可以参考验证。要再做进一步的提炼总结,整个过程可以用两句话来概括:一是故障间隔时间要略大于重合闸延时定值,二是故障量及延时要满足保护动作出口。

9.2.4 应用扩展

(1) 先重闭锁后重合

上述方法省去了对装置出口接点的要求,传动过程中不但少了拆线引线的麻烦,减少了错误的发生,而且在拆线引线不便进行的场合,用时间控制故障量就成了唯一准确可靠的途径。比如在 3/2 接线的 330 kV 系统中,传动先重开关重合到故障上闭锁后重开关重合逻辑时,这种方法就是最行之有效的。

在 330 kV 系统中,特别是改造项目,为了传动而拆线引接点是很不方便,甚至无法实现的。而传动先重开关重合到故障上闭锁后重开关重合逻辑时,似乎需要考虑的参数较多:要保证在第一次故障时,线路保护能可靠单跳两台开关,然后先重开关经短延时后重合,重合成功后给保护施加第二次故障量,保护加速出口,先重开关三跳,后重开关永跳三相。

在没有充分理解保护跳闸到重合启动的关系时,我们可能对于这个复杂的过程感到有些茫然,但现在知道重合闸是在故障量切除后才启动这一原理了,用时间控制这一复杂的过程就变得简单了。设先重开关短延时定值为 0.8 s,后重开关长延时定值为 1.4 s。要实现上述逻辑,需要考虑的时间参数只是短延时定值 0.8 s。若用零序菜单方式,只需将故障前时间设定为 0.9 s 即可满足要求。第一次故障切除后 0.8 s,先重开关重合出口,同时输出到后重开关的加速接点 JSJ 闭合,故障前时间 0.9 s 到后,第二次故障输出,保护加速出口。通过保护动作,接点 BDJ 和 JSJ 相串永跳后重开关,BDJ 和沟通三跳接点 GTST 相串三跳先重开关。

(2) 检同期重合

现在的很多保护装置对于检同期重合都已经设计得十分灵活,保护装置本身具有记忆正常运行时检同期电压相别状态的功能。比如母线电压采用三相,线路电压采用 A 相,装置中并不需要设定同期电压相别,一旦故障后要重合,装置就会自动以故障前 U_X 通道的 A 相电压角度为基准进行检同期。所以在模拟这种装置的检同期重合时,要选用状态序列菜单。

状态 1:负荷状态。加三相对称电压;U_X 输出到装置线路电压通道,并设定一定大小及角度,比如角度同 U_A;结束方式为时间控制,设为 5 s。

状态 2:任意一种无延时保护的区内故障,目的是让保护快速动作出口。设置为距离 I 段区内故障;结束方式为时间控制,延时保证保护可靠动作,设为 0.1 s。

状态 3:空载状态。加三相对称电压;$U_x = 0$ V;结束方式为时间控制,延时保证重合闸能可靠出口;重合闸延时定值为 0.6 s,则设此状态延时 0.8 s。

状态 4:负荷状态,调整 U_x 的大小及角度,验证各重合参数。加三相对称电压;U_x 调整为想要验证的角度和大小;结束方式为时间控制,设为 1 s。

开始试验。当状态 4 中 U_x 的角度与状态 1 中 U_x 的角度差异小于同期角度定值时,应该能重合成功;大于时,应判为不同期,重合不成功。

9.2.5　总　结

由上面的示例可以看出,时间控制重合的方法是十分有效的一种试验途径,希望这些小技巧能对大家看问题的思路有所提示。

9.3　利用通道试验进行灵敏启动电平测试

9.3.1　引　言

在生产中,我们经常会遇到一些突发情况,这时就不得不需要找一种权宜的解决方案。就像在高频收发信机的调试中,在有选频电平表和振荡器时,按照各厂家大同小异的调试大纲,我们可以很顺利地独立完成一台收发信机的调试。但事实却不尽如人意,我们经常得面对没有振荡器(这个设备太容易出问题)的尴尬局面。这时如何继续完成灵敏启动电平的测试就有了讨论的价值。

灵敏启动电平是能够启动本侧发信的最小收信电平值。在通道试验过程中,若 M 侧发信,N 侧收信,则当 N 侧收信电平大于其灵敏启动电平时,N 侧收信灯亮,同时被唤起向 M 侧发信。灵敏启动电平是这一过程的门槛参数,必须调整在合适的范围内,才能保证通道在各种气候、天气及电气环境下有足够的收信裕度。

9.3.2　正常方式

仪器齐备时,完成这一测试的方法如下。以 PSF-631 微机高频信号传输装置为例,仪器和装置的接线如图9-5所示。

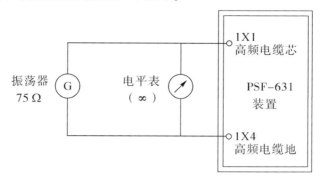

图9-5　灵敏启动电平正常测试方法的接线图

　　将背板跳线1X1置于通道位置(甩开高频电缆),1X2置于退出位置,即退出内部通道硬衰耗。在定值中退出远方启动功能(把与保护接口方式控制字设为0004),退出收信软衰耗。振荡器、电平表均设在装置工作频率,接于装置高频电缆接入端子1X1、1X4上。调整振荡器信号的大小,使装置的收信灯亮,读取收信灯亮时电平表的数值,即为当前该装置的灵敏启动电平。该值要求应为-5~-4 dB,误差大于±1时调整4号模件的RP1电位器,重新测试,直到满足为止。

9.3.3　对侧长发信方式

　　在没有振荡器的情况下,要将对侧装置当成信号源来进行测试。这一方式能够实现的条件是通道必须完好,能进行正常的通道交换。PSF-631在测试功能中有长发信的选项,可以持续发信,所以可以让对方长发信,本侧在通道上投衰耗调节收信电平进行测试。装置及仪器的设置同仪器齐备时。

　　先将衰耗器投0 dB,用通道试验或对方长发信的方式,测出对侧发到本侧装置电缆端口的实际电平;再投入足够大的通道衰耗,使经过衰耗后送到装置端口的电平值小于预计的灵敏启动电平。

　　本例中不投衰耗时的实际收信电平为16.2 dB,预计的灵敏启动电平为-5~-4 dB,所以投入22 dB通道衰耗。接线如图9-6所示。

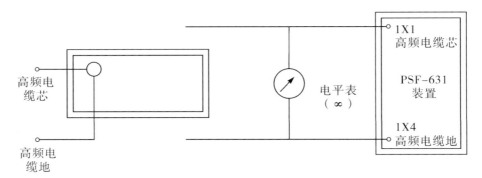

图 9-6　灵敏启动电平对侧长发信测试的接线图

准备好后,让对侧长发信。在电平表上可以看到装置端口的收信电平。此时由于通道衰耗的原因,收信灯应不亮(若亮,则说明通道衰耗数太小)。然后以最小单位逐一减少衰耗值,直到收信灯亮。读取电平表的读数,即为当前灵敏启动电平。调整的方法同前。

注意,在按照上述方法进行测试时有以下几点需要考虑:

①长发信作为装置的一项功能可以利用,但不可以无限持续。像振荡器一样,该装置也需要防止时间过长或其他性质的意外烧毁。

②有些其他型号的装置并无此功能,需要短接装置发信接点进行。

③必须确保对侧有人配合,特别是当测试结果不合适需要调整时,这个过程就会变得更加漫长。

9.3.4　巧用衰耗器方式

下面要介绍给大家的巧用衰耗器的方式是在对侧无人配合的情况下摸索出来的。试验的其他条件同前,区别是不需要对侧的任何配合。参数设置也同前,只不过这里是通过通道试验来唤起对侧发信。有人说,投了那么多衰耗,能唤起对方发信吗?是的,很有可能这些衰耗已经使对方收到的电平在灵敏启动值以下,此时就得减小衰耗,保证对方能被可靠唤起。当对方被唤起发信时,本侧通过电平表可以观察到。但在下一步调整通道衰耗观测本侧灵敏启动电平时,将同时影响对方是否能被唤起。再考虑本侧发信电平、对侧发信电平、本侧灵敏启动值、对侧灵敏启动值等相关因素,这种方式的不确定性和不可靠性就更为显著,简直不可行了。但我们在这个过程中做了一个小小的变通,就消除了所有不确定因素的影响,可靠地实现了试验目的。

　　具体的方法是：仍然是前面的参数，通道衰耗设置为 22 dB，在衰耗器上的实际设置如图 9-7 所示。

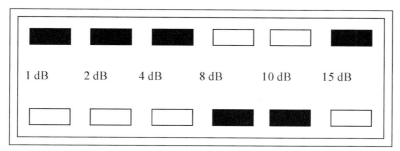

图 9-7　衰耗器投切位置指示图

　　第一步：拔开 15 dB 衰耗跳线插头（相当于只投 7 dB 衰耗），按通道试验按钮。此时对侧必定被唤起发信，本侧收信灯亮。

　　第二步：立即补投 15 dB 衰耗（相当于投 22 dB 衰耗），并重复按复归按钮多次。此时若收信电平超过灵敏启动值，则收信灯不会被复归；反之，若收信电平小于灵敏启动值，则收信灯会被立即复归。

　　第三步：调整所投衰耗总数，重复以上步骤，找到收信灯不可被复归的临界点，读取电平表的数值，该数值就是此时的灵敏启动电平，误差不超过 1 dB。若结果不在要求范围内，则调节 RP1，再重复以上步骤。

　　实际上这种方法的操作独立性显著地提高了这项工作的效率。只需要本侧两名试验人员配合默契，就能很快找到灵敏启动电平的临界点。不需要对侧的配合，调整各元件的过程就可以更快地进行。另外，不用对侧长发信，对设备的安全也更有保证。这种方法主要是得抓住通道交换时对侧单独发信的 5 s 时间，因此对操作的技巧性有一定的要求。但总体需要考虑的头绪还是少了。大家在遇到条件有限的类似情况时，可以考虑尝试这种方法。

符号说明

A,B,C	电源三相
I	电流
K	系数
m	参数
P	功率
R	电阻
S_n	额定容量
U	电压
X	线路电抗
Z	线路阻抗
φ	阻抗角
$\cos \varphi$	功率因数

下标

A,B,C	电源三相
d	故障
r	制动
DZ	动作
0	零序
DTATA	断线后分相差动
set	启动(设定)
L	低
H	高
CD	差动

CDH	高定值差动
CDL	低定值差动
n	闭锁
p	基准值
ZD	阻抗保护
F	分量
SL	失灵
GL	过流
BL	比例
PZD	过流保护或充电保护
e	额定
CDDZ	差动保护动作
CDBH	充电保护
DZH	动作电流高值
DZL	动作电流低值
max	最大
SD	差动速断
φ	相间
0CD	零序差动
0L	零序过流
0r	零序制动

参考文献

[1] 梁振锋,康小宁,杨军晟.《电力系统继电保护原理》课程教学改革研究[J].电力系统及其自动化学报,2007(4):125-128.

[2] 陈生贵,袁旭峰.电力系统继电保护[M].重庆:重庆大学电子音像出版社有限公司,2019.

[3] REIMERT D. Protective relaying for power generation systems[M]. Boca Raton:CRC press,2017.

[4] 张娣.分布式新能源接入配电网的继电保护研究[J].自动化应用,2023,64(17):82-84.

[5] 丁伟,何奔腾,王慧芳,等.广域继电保护系统研究综述[J].电力系统保护与控制,2012,40(1):145-155.

[6] BLACKBURN J L, DOMIN T J. Protective relaying:principles and applications[M]. Boca Raton:CRC press,2015.

[7] 王现超,薛晓芩.继电保护二次回路故障监测系统的研究[J].自动化应用,2023,64(18):26-28.

[8] 陈波.电力系统继电保护的故障分析及处理措施[J].科技创新与应用,2014(4):132.

[9] 陈立.继电保护自动化技术在电力系统中的应用分析[J].科技传播,2013(5):139.

[10] 陈少华,马碧燕,雷宇,等.综合定量计算继电保护系统可靠性[J].电力系统自动化,2007,31(15):111-115.

[11] 曾克娥.电力系统继电保护装置运行可靠性指标探讨[J].电网技术,2004,28(14):83-85.

[12] DAS J C. Power system protective relaying[M]. Boca Raton:CRC Press,2017.

［13］LEELARUJI R，VANFRETTI L. Power System Protective Relaying：basic concepts，industrial－grade devices，and communication mechanisms［D］. Stockholm：KTH Royal Institute of Technology，2011.

［14］SCHWEITZER E，KASZTENNY B，MYNAM M V，et al. Defining and measuring the performance of line protective relays［C］//43rd Annual Western Protective Relay Conference，2016：1－21.

［15］骆冰磊.继电保护二次回路的缺陷及故障对策分析［J］.集成电路应用，2023，40（9）：170－171.

［16］杨文英，盖志强，张华峰，等.电力系统继电保护可靠性问题研究［J］.中国电力教育：下，2013（9）：210－210.

［17］曾耿晖，李银红，段献忠.电力系统继电保护定值的在线校核［J］.继电器，2002，30（1）：22－24.

［18］李梦禹.发电厂继电保护的故障诊断及解决办法分析［J］.集成电路应用，2023，40（9）：274－276.

［19］杨一凡.电厂继电保护常见故障诊断与现场处理对策［J］.现代工业经济和信息化，2022，12（10）：307－309.

［20］张延林，马磊.电厂继电保护常见故障及现场处理措施［J］.现代工业经济和信息化，2022，12（7）：282－283.

［21］李刚建.发电厂继电保护的故障诊断及解决办法［J］.智能城市，2021，7（15）：67－68.

［22］MEKIC F，GIRGIS R，GAJIC Z. Power transformer characteristics and their effects on protective relays［C］//2007 60th Annual Conference for Protective Relay Engineers. IEEE，2007：455－466.

［23］咸菁菁.变电站继电保护二次系统接地技术分析［J］.农村电气化，2023（10）：24－26，84.

［24］顾清，黄强.110 kV 变电站主变差动保护动作跳闸事件的分析［J］.自动化应用，2023，64（19）：161－163，169.

［25］郭奎贤.变电站继电保护连接片防误操作及测量电压分析［J］.中国新技术新产品，2023（16）：58－61.

［26］政大山.智能变电站继电保护技术优化的分析［J］.集成电路应用，2023，40（9）：132－133.

［27］龚思敏,钱一鸣.智能变电站继电保护二次回路的运行状态监测分析［J］.冶金管理,2023(13):86-88.

［28］钱兵,殷怀统,陈鹏,等.500 kV 智能变电站继电保护运维分析［J］.电气技术与经济,2023(4):176-178,181.

［29］HOROWITZ S H, PHADKE A G, HENVILLE C F. Power system relaying［M］. Hoboken：John Wiley & Sons, Inc., 2022.

［30］HWANG G H. A review on equipment protection and system protection relay in power system［J］. International Journal of Integrated Engineering, 2017,9(4).

［31］GEORGE S P, ASHOK S, BANDYOPADHYAY M N. Impact of distributed generation on protective relays［C］//2013 International Conference on Renewable Energy and Sustainable Energy (ICRESE). IEEE, 2013:157-161.

［32］BLAABJERG F, YANG Y, YANG D, et al. Distributed power-generation systems and protection［J］. Proceedings of the IEEE, 2017,105(7):1311-1331.

［33］汪柯颖.智能变电站继电保护检测和调试技术分析［J］.电子元器件与信息技术,2023,7(4):83-86.

［34］REZAEI N, UDDIN M N. An analytical review on state-of-the-art microgrid protective relaying and coordination techniques［J］. IEEE Transactions on Industry Applications, 2021,57(3):2258-2273.

［35］蒋家宁.变电站继电保护改造调试技术研究［J］.南方农机,2019,50(14):174.

［36］沈新.220 kV 智能变电站与常规变电站继电保护调试的分析［J］.电子制作,2017(10):78-79.

［37］杨兴峰,李翠英.35 kV 变电站继电保护改造调试技术探析［J］.通讯世界,2017(1):190-191.

［38］李中雷.智能变电站继电保护检测和调试技术分析［J］.集成电路应用,2022,39(8):138-139.

［39］ANDERSON P M, HENVILLE C F, RIFAAT R, et al. Power system protection［M］. Hoboken：John Wiley & Sons, Inc., 2022.

［40］HOROWITZ S H, PHADKE A G, HENVILLE C F. Power system relaying[M]. Hoboken：John Wiley & Sons, Inc., 2022.

[41] SADEGHI M H, DASTFAN A, DAMCHI Y. Optimal distributed genera-tion penetration considering relay coordination and power quality requirements[J]. IET Generation, Transmission & Distribution, 2022,16(12):2466-2475.

[42] PARK M K, LIM S H. Impedance compensation method of protective relay for SFCL′s application in a power distribution system[J]. IEEE Transactions on Applied Superconductivity, 2021,31(5):1-6.

[43] PIESCIOROVSKY E C, KARNOWSKI T. Variable frequency response testbed to validate protective relays up to 20 kHz[J]. Electric Power Systems Re-search, 2021,194:107071.

[44] 李高峰.智能变电站继电保护调试关键问题及解决措施[J].通信电源技术,2018,35(6):240-241.

[45] 李麟.智能化变电站继电保护调试及应用分析[J].通讯世界,2018(3):159-160.

[46] ESPINOZA R F, JUSTINO G, OTTO R B, et al. Real-time RMS-EMT co-simulation and its application in HIL testing of protective relays[J]. Electric Power Systems Research, 2021,197:107326.

[47] 马骏.智能变电站继电保护装置自动测试系统的研究和应用[J].现代工业经济和信息化,2023,13(3):148-149,155.

[48] HADDADI A, ZHAO M, KOCAR I, et al. Impact of inverter-based re-sources on memory-polarized distance and directional protective relay elements [C]//2020 52nd North American Power Symposium (NAPS). IEEE, 2021:1-6.

[49] 姜涵,毛新飞.智能变电站继电保护装置的自动测试系统设计[J].电子技术,2023,52(7):278-279.

[50] 郑荣尊.智能变电站继电保护装置自动测试系统研究与应用[J].现代信息科技,2017,1(5):22-23.

[51] 加依达尔·金格斯,谭金龙,南东亮,等.数字化智能变电站继电保护装置自动测试系统研究[J].电工技术,2021(22):116-119,122.

[52] 张帅,肖兰,梁博,等.500 kV 变电站不同电压等级线路 PT 断线的原理分析及研究[J].电气技术与经济,2023(1):32-35,44.